Kaiser Karl.

Eine epische Trilogie

von

O. F. Gruppe.

Berlin 1852.
Verlag von Georg Reimer.

Königin Bertha.

Ein romantisches Epos.

Die Sendung.

Es saß der stolze König Pipin
Wohl unter dem Baldachine,
Und die Grafen und Großen rings um ihn;
Er sprach mit gewichtiger Miene:

Ihr Herren vernehmt: Es ziemet mir
Ein Gemal mir anzuvermälen
Nach meiner und des Thrones Gebühr,
Und denk' ich auf euch zu zählen.

Da gedachten die Grafen in ihrer Brust
An ihre Töchter, die Thoren!
Und gedachte jeder mit Stolz und Lust,
Es sei die seine erkoren.

Der König aber sprach allsogleich:
Vernehmt, was ich euch will melden:
Es herrscht ein König in Oesterreich,
Theoderich unter Helden.

Und dessen Tochter ist Bertha genannt,
Von der sie Wunders erzählen,
Durch ihre Schönheit ist sie bekannt:
Die denk' ich mir zu vermälen!

Da traf ihrer drei ein Schlag wie Blitz,
Sie blickten mit finsterem Grimme;
Der König aber vom Purpursitz
Sprach mit freundlicher Stimme:

Graf Guy, Graf Renar und Graf Riol,
Rüstet euch nun zur Reise,
Brautwerber seid ihr die besten mir wohl,
Euch halt' ich für würdig und weise.

Die Grafen neigten sich vor dem Thron,
Doch kochte der Grimm im Herzen,
Denn daß Pipin sich genommen die Kron',
Ihm konnten sie's nimmer verschmerzen.

Sagt meinen Gruß dem König zuvor,
Daß Gott auf den Thron mich gehoben,
Und daß vernommen mein königlich Ohr
Von seiner Tochter viel Loben.

Ich wolle Bertha zum Ehgemal,
Verhoffend, damit ihn zu ehren,
Sie solle herrschen in meinem Saal,
Und des Thrones Glanz mir mehren.

Ihm neigten die Grafen sich stumm und still;
Doch Grimm kocht' ihnen im Herzen;
Denn daß er die Fremde wählt und will,
Können sie nimmer verschmerzen.

Der Verrath.

Nun fuhren die drei im schwarzen Wald,
Wie rollten die Räder im Gleise!
Da sprach zu den Grafen Riol alsbald:
Wohin denn so hurtig die Reise?

Ich wähne, sie führt zu unserer Schmach,
Eine fremde Herrin zu werben,
Drum mein' ich, daß wir fahren gemach
In unser eigen Verderben.

Da sprach Graf Guy: List wider List,
So sollten wir ihn bestreiten,
Drum mein' ich, daß wir zu dieser Frist
Ihm eine Grube bereiten.

Da sprach Graf Renar, der graue Schelm:
Lasset die Wagen halten;
Drei Loose thu' ich in meinen Helm,
Und möge das Schicksal walten.

Ja seht, drei Loose hier leg' ich ein,
Die unsere Töchter bedeuten,
Und die es trifft soll Königin sein,
Und gelte fürder kein Streiten!

Sprach Guy: Die Rede höret sich an;
Allein, wie solches vollenden?
Sprach Renar, der graue listige Mann:
Laßt mich, ich weiß es zu wenden!

Theoderichs Tochter heißt wohl schön,
Doch unsere sind's nicht minder:
Wie, hat Pipin denn Bertha gesehn?
Auch kennt er nicht unsere Kinder.

Wir bringen die unsre an ihrer Statt,
Es muß das Spiel uns gelingen!
Sie aber, wenn er sie zur Gattin hat,
Soll Königskinder ihm bringen!

So kommt der Thron an unser Geschlecht,
Der Unsere soll ihn erben,
So will's die Rache, so ist es recht,
Gewalt soll an List verderben!

Sprach Guy: Die Rede höret sich an,
Doch was mit Bertha, ihr Brüder?
Sprach Renar, der graue, grausame Mann:
Die Todten kommen nicht wieder!

Da waren die Anderen stumm und still,
Doch Renar kam mit dem Helme:
Nun greife zu, wer die Krone will!
Da loseten die drei Schelme.

Graf Guy, der zog das Gewinnerloos,
Deß mußten die Andern ihn neiden;
Graf Guy, deß Muth und Freude war groß,
So sprach er nun zu den beiden:

Nun schwört mir, und schlaget den Handschlag ein,
Daß ihr es helfet bereiten,
Denn die es traf, wird Königin sein,
Und gelte fürder kein Streiten!

Und schwört mir, und schlaget den Handschlag ein,
Daß ihr nichts wollet verrathen,
Und ewig wollet verschwiegen sein,
In Worten, so wie in Thaten.

Nun schlugen sie ein, sie mußten's wohl,
Und stiegen wieder zu Wagen,
Und schon befahl der Graf Riol
Nach Oesterreich hurtig zu jagen.

Sprach Guy: noch haltet die Wagen hier,
Noch eins erst lasset bedenken:
Wir haben die Braut, was sollen wir
Die Fahrt nach Oesterreich lenken?

Sprach Renar: Und habt ihr den Brautschatz auch,
Sie als Königstochter zu bringen?
Habt ihr ihn nach Königs Gebühr und Brauch?
Das sagt mir vor allen Dingen!

Riol sprach: Brüder, wahrlich ein Streich,
Der ziemet kühnen Gesellen!
Ausstatten soll sie Theoderich reich,
Den Oestreicher wollen wir prellen!

Da sagten die Andern: Ja wohl, ja wohl!
Und stiegen wieder zu Wagen,
Und nun befahl der Graf Riol
Nach Oesterreich hurtig zu jagen.

Die Werbung.

Nun kamen die Drei nach Oesterreich,
Da sammelte Volk sich in Haufen,
Auf des Königes Schloßhof fuhren sie gleich,
Diener kamen gelaufen.

Sie traten ein in Theoderichs Saal,
Und entboten des Königs Grüße,
Und brachten Geschenke von Gold und Stahl,
Und redeten glatt und süße.

Sie sprachen: Vernommen hat König Pipin
Von deiner Tochter Schöne,
Er sendet uns her zu werben für ihn,
Daß er sie zur Königin kröne.

Er hoffet, König Theoderich,
Durch solches Wort dich zu ehren,
Denn herrschen soll sie wohl mächtiglich,
Und des Thrones Glanz ihm mehren!

Theoderich war im Herzen erfreut
Der stolzen Werbung wegen,
Doch gab er den Herren mit nichten Bescheid;
Er sprach: ich will es erwägen.

Wohl hielt er Rath mit der Königin
Ob dieser neuen Kunde;
Da waren Beide mit hohem Sinn
Geehrt und erfreut zur Stunde.

Und entboten zu sich die Tochter sofort;
Er sprach: Ich will dich vermälen;
Doch Bertha erschrak zuerst bei dem Wort,
Sie sprach: Euch ziemet zu wählen.

Er sprach: Nicht anders vermäl' ich dich,
Als dich zur Fürstin zu krönen!
Da regte das Herz sich freudiglich
Fräulein Bertha der Schönen.

Doch als sie vernahm von König Pipin,
Wie schlug ihr das Herz im Leibe!
Denn rühmen hörte sie oftmals ihn:
Nun wollt' er sie selber zum Weibe.

Und ihre Gespielinnen wußten es bald,
Da klang es von Mund zu Munde;
Wie Windesrauschen im weiten Wald,
So lief durch die Völker die Kunde.

Nun ward im purpurnen Königssaal
Ein herrliches Fest geschmücket,
Da wurden prangend in großer Zahl
Jungfraun und Frauen erblicket.

Doch wie erbleichet der Sterne Schein
Dem Vollmond über dem Hügel,
So war's, als das Königskind trat ein
Durch der goldenen Thore Flügel.

Und als die Grafen schauten ihr Bild,
Und sahen die hehre Gestaltung,
Und den Gang so stolz, und den Blick so mild,
Und so königlich gar die Haltung:

Da dachte Graf Renar und Graf Riol:
Wer könnt' an Adel ihr gleichen,
Und sah Herr Guy, daß die Tochter wohl
Ihr müss' an Schönheit weichen.

Theoderich sprach: Hier ist sie, schaut,
Auf daß ihr möget erzählen;
Wir geben sie König Pipin zur Braut,
Und wollen sie ihm vermälen!

Wir geben sie ihm nach seiner Wahl
Mit unserm Willen und Segen,
Als rechtes christliches Ehgemal
Ihrer in Ehren zu pflegen!

Drauf hieß er Fräulein Bertha, sie sollt'
Auch selbst zu den Grafen sprechen.
Sie sprach so freundlich und blickte so hold —
Daß Einem das Herz wollte brechen.

Der Eine, das war der Graf Riol,
Der ging tiefsinnig beim Feste;
Doch mit Tanz und Jubel im Saale wohl
Schwärmten die fröhlichen Gäste.

Es entließ nun König Theoderich
Die Grafen mit reichen Geschenken,
Und rüsteten die Verräther sich
Heimwärts die Reise zu lenken.

Sie fuhren schweigsam im schwarzen Wald,
Und kamen den Wald zu Ende:
Da sagte der Graf Riol alsbald,
Daß es nimmer zum Guten sich wende.

Sie fuhren weiter durch Berg und Thal,
Daß Stein' und Funken stoben,
Bis daß sie hielten im Schloßportal,
Und eilten die Stiege nach oben.

Da fragte Pipin: Ja oder Nein?
Ihr bringet mir gute Kunde!
Sie sprachen: Wie könnt' es anders sein!
Und sprachen mit falschem Munde.

Die Einholung.

Nun hat der König mit hohem Muth
Den Grafen wieder befohlen:
Ihr habt vollführt die Werbung so gut:
Auf! nun die Braut mir zu holen!

Und nehmet ein reiches Ingesind,
Nicht sollt des Goldes ihr schonen,
Ihr Herren, auf! zur Reise geschwind!
Und königlich will ich es lohnen.

Graf Guy, der pocht' an ein Klosterhaus,
Dort hielt er die Tochter verborgen:
Aebtissin, mein Mädchen gebt mir heraus,
Verloben will ich sie morgen.

Er sprach: Auf, Tochter, und sei bereit,
Denn nicht geziemet zu rasten,
Leg' ab dein graues Klosterkleid,
Das thust du lieber als fasten.

Berchthilde hört es, und sprang im Nu,
Und klatscht in die kleinen Hände,
Sie legte wohl an die Silberschuh',
In's Sammtkleid sprang sie behende.

Nun fort nach Oesterreich! sprach Herr Guy,
Als Wolken und Berge tagten,
Die Peitschen knallten, es ging im Hui,
Als ob zehn Teufel sie jagten.

Im Trab, im Galopp, ohne Halt und Rast,
Der Ostwind strich um die Wangen —
Sie fuhren hinauf in den Königspalast
Und wurden mit Ehren empfangen.

Sie sprachen: Es hat uns König Pipin
Dir, König, zum Besten empfohlen,
Und da du zum Eidam erwählet ihn,
Befahl er, die Braut zu holen.

Da sprach der König von Oesterreich:
Ihr habt erfreuliche Kunde,
Nur schickt sich die Heimfahrt nicht sogleich,
Und rasten müßt ihr zur Stunde.

Denn daß erscheine nach rechter Gebühr
Des Königes Braut, des reichen,
Ein Ingesinde bereit' ich ihr,
Das dem seinen sich könne gleichen.

Da ward zu Schanden der Grafen Trug,
Sie sprachen: Was willst du bereiten?
Sind, Herr, wir nicht der unsern genug,
Ein Königskind zu geleiten?

Sprach Guy: Uns sendet der König zwar —
Doch du hast anders entschieden —
Er wählte Männer mit grauem Haar,
Daß Mißtraun werde vermieden.

Und König Theoderich: Das sei fern!
So will es Brauch nur und Sitte —
Doch wenn es der Wunsch ist eures Herrn,
Nehmt, führt sie in eurer Mitte!

Doch in's Wort fiel Bertha mit Thränen ihm ein:
Soll niemand, Vater, mir bleiben?
Nein, nein, ich gehe nimmer allein,
So soll mich keiner weiben!

Ja, sprach er, es ging' in Trümmer die Welt,
Wenn je das Vertraun verschwände,
Die Treu' ist's, was sie zusammenhält —
Da nehmt sie in eure Hände!

Du aber, Tochter, o fürchte nicht,
Sei, Tochter, mir nicht entgegen;
Gehorsam das ist des Weibes Pflicht
In allen Dingen und Wegen.

Sprach Guy: Es hat der König Pipin
Insonders mir noch befohlen,
Es solle mein Töchterlein mit mir ziehn,
Die Königstochter zu holen.

Und heiter sagte der König: Ihr sprecht,
Eure Tochter sei mit der Gesandtschaft;
Man rufe sie! Mädchen, küsset euch recht,
Schnell machen Mädchen Bekanntschaft.

Da küßte Bertha die Jungfrau wohl,
Und lachte wohl unter Thränen —
Es wendete sich der Graf Riol,
Und knirschte still mit den Zähnen.

Und zweimal küßten die Mädchen sich,
Und hielten sich voll umfangen:
Die Ritter sahen's, und innerlich
Schlug manchem das Herz vor Verlangen.

Und Bertha neigte sich nieder zu ihr,
Die hehre Gestalt zu der kleinen:
Da mußte den Rittern die eine schier
Viel königlicher erscheinen.

Der Abschied.

Die Stunde des Abschieds nahte schon,
Gerüstet waren die Wagen.
Es saß der König hoch auf dem Thron;
Viel Goldes ließ er tragen.

Er sprach: o Tochter, es ist dein Glück,
Warum denn also weinen?
Doch hatt' er selber Thränen im Blick —
Du kehrst ja wieder den Deinen!

Es drängte sich draußen mit lustigem Muth
Des Volkes buntes Gewimmel.
Der König sprach: Sei fromm und gut,
Und behüte dich Gott im Himmel.

Da ließ sie den Thränen ihren Lauf,
　　Die Mutter fest umfangend;
Dann wieder schlug sie die Augen auf,
　　Am Auge der Mutter hangend.

Drauf kam die Amm', und küßt' ihr die Hand;
　　Von weitem blieb das Gesinde —
Und wie nun Bertha inmitten stand,
　　Ueberzählte sie alle geschwinde.

Und als sie der Ihren keinen vermißt,
　　Sprach sie: Lebt wohl mir auf lange!
Noch einmal hat sie die Eltern geküßt,
　　Und ging hinunter so bange.

Auf dem Hofe sah sie den Zelter stehn,
　　Der sie lustig pflegte zu tragen:
Da bist du ja auch, und willst mich noch sehn,
　　Komm, laß Lebwohl dir noch sagen!

Sie klopft' ihm den Hals, und strich ihm den Bug,
　　Sie sprach: Wer wird dich nun reiten?
Doch bist du ja wohl schnellfüßig genug,
　　Und kannst mich ferne geleiten!

O Vater, er darf doch mit mir hinaus,
Daß er auch fern mich erfreue,
So folgt mir doch Einer vom Vaterhaus,
Der mir gedienet in Treue!

Ja führ' ihn, Tochter, mit deinem Troß,
Und freue dich seiner beim Jagen!
Da wieherte muthig das weiße Roß —
Sie aber stieg in den Wagen.

Anschlag und Rettung.

Nun fuhren die Wagen in aller Eil,
Viel Volkes rief auf den Gassen:
Heil Königstochter! dem König Heil,
Der als Weib Dich wird umfassen.

Das hörte Bertha mit frohem Muth,
Sie grüßte die bunte Menge,
Da wurden geschwungen Helm und Hut,
Und mehrte sich das Gedränge.

Was flogen die Bäume vorüber hin,
Und streiften den Wagen rauschend;
Die Jungfrauen saßen mit heiterem Sinn,
Viel freundliche Worte tauschend.

Und fürder rollte die schnelle Fahrt;
Was flogen die Wiesen und Felder! —
Doch die Grafen saßen mit finsterer Art:
Und wurden so dunkel die Wälder.

Nun fuhren sie durch den selben Wald,
Allwo geloset die Grafen,
Es überlief ein Schauer sie kalt,
Wie sie an die Stätte trafen.

Dort war geschwollen des Waldbachs Flut,
Da hielten die Ross' und bogen
Die Hälse nieder, es dünkte sie gut
Zu trinken die klaren Wogen.

Und sieh, es sprang aus dem Wagen geschwind
Die Königstochter mit Freude,
Und behend' ihr folgte das Grafenkind,
Da gingen sie wandeln beide.

Sie freueten sich der Blümelein,
Die blau und roth da standen,
Sie gingen den Bach entlang waldein,
Wo sie die meisten fanden.

Die Grafen folgeten nach von fern,
Sie sprachen mit bebendem Munde,
Guy sagte: Gedenket des Schwurs, ihr Herrn,
Und nicht vergesset der Stunde!

Gedenket, was ihr geschworen habt
In diesem Waldesraume —
Wir haben die Jungfrau —— und begrabt
Sie stumm hier unter dem Baume.

Herr Renar, der wurde starr und bleich,
Und hatte die Sprache verloren,
Der Graf Riol sprach allsogleich:
Wohl weiß ich, was ich geschworen.

Und was ich geschworen, das halt' ich nun,
Doch nimmer lass' ich sie tödten.
Wollt ihr's? Ihr habt es mit mir zu thun,
Und helfe Gott mir in Nöthen!

Und zückte sein Schwert mit wildem Droh,
Das sahen die Jungfraun blitzen,
Berchthilde zu ihrem Vater floh,
Der Vater sollte sie schützen.

Auch Bertha wollt' in geängstetem Sinn
Zu Guy schutzsuchend sich wenden;
Riol rief: Wehe! zu dem nicht hin!
Und riß sie aus seinen Händen.

Die Jungfrau hielt er im linken Arm,
Und schwang das Schwert in der Rechten,
Das Herzblut schlug ihm schnell und warm,
Er stand bereit um zu fechten.

Er sprach: Ja halte du fest an mir,
Der wollte dich da umbringen!
Doch soll dich keiner gefährden hier,
So lang' ich mein Schwert kann schwingen.

Nur hab' ich, wehe! du herrliche Maid,
Ein gräßliches Wort geschworen,
Das kann ich nicht ändern in Ewigkeit:
Ich bin, wie Du, verloren!

Du kannst nicht kommen zu König Pipin,
Kannst nicht die Kron' erwerben;
In die wilden Wälder mußt du fliehn,
Doch sollst du, gemordet, nicht sterben.

Wie das vernahmen der Grafen zwei,
War ihnen Athem gegeben,
Und Beide sprachen sie: Nun, es sei,
Wir wollen ihr lassen das Leben.

Ihr Leben, fürwahr, das wollen wir nicht,
Behüte sie Gott im Walde!
So brechen wir weniger Treu' und Pflicht —
Sie meinten, sie ende doch balde.

Riol sprach: Sorget ihr für mein Kind,
Denn ich mache der Welt mich ledig.
Nun fahret von dannen, fort geschwind!
Und sei der Himmel euch gnädig!

Sie schwiegen. Sie gingen durch den Wald
An's Wasser zurück zu den Wagen,
Die Wagen bestiegen sie alsobald:
Da war es ein Peitschen und Jagen.

Doch jener verfolgte sie mit dem Blick,
Bis daß sie dem Blicke entschwunden,
Dann wandt' er zur Jungfrau sich zurück,
Die er hielt mit dem Arm umwunden.

Er ließ aus dem Arme die Bleiche los,
Da sank sie kraftlos nieder,
Er neigte sie hin auf das weiche Moos,
Betrachtend die schönen Glieder.

Er sprach: Maria, du sei ihr Schutz,
Du laß deine Liebe walten!
Du beut den bösen Gewalten Trutz,
Breit' aus deines Mantels Falten!

Wehr' ab, wehr' ab ihr die wilden Thier',
Und wehr' ihr die rauhen Winde!
O Gott, es mög' in der Wildniß hier
Sie nähren die Milch der Hinde!

Er stieß sein Schwert in den Boden ein:
Hier magst du rosten und rasten
Bis an des jüngsten Tages Schein:
Mir ziemet Beten und Fasten!

Dann kehrt' er sich ab und ging in den Tann,
Sein Herz war voller Schmerzen;
Doch wieder freier schlug es dem Mann,
Er hatte die Last vom Herzen.

Und wo man vom Berg auf die Wälder sieht,
Eine Klause begann er zu gründen,
Da wollt' er leben als Eremit,
Und büßen die Schuld der Sünden.

Die Mühle.

Als Bertha nun aufzublicken begann,
Da war sie im Wald alleine;
Sie schaute fragend die Tannen an,
Und Antwort gab ihr keine.

Sie schaute zum grauen Himmel empor,
Da fielen Tropfen nieder;
Ihr brachen stürzende Thränen hervor,
Sie schrie — der Wald scholl wieder.

Dann sprach zu Gott die liebe Gestalt:
Mich wollen die Menschen verderben —
O laß mich nicht in dem wilden Wald,
Nein, laß bei Menschen mich sterben!

So saß sie, und weint' ihr Herzeleid,
Und schon begann es zu dämmern,
Da hörte Geräusch die arme Maid,
Es scholl, wie Sägen und Hämmern.

Sie ging wohl traurig dem Schalle nach,
Und lauter hörte sie's schallen;
Bald sah sie nahe mit einem Krach
Eine hohe Tanne fallen.

Da holzte geschäftig ein alter Mann,
Sie setzte zu ihm sich nieder,
Thränen kamen ihr wieder an,
Und laut auf schluchzte sie wieder.

Wie das erschrocken der Mann vernahm,
So hielt er im Schlagen inne;
Er staunte, woher die Jungfrau kam,
Er stand mit geblendetem Sinne.

Wohl sah er die wunderherrliche Maid,
Kaum wagend, sie anzusehen;
Sie trug von Seid' ein leuchtendes Kleid,
Und schien ihm eine der Feen.

Da sprach er zu ihr aus breitem Mund,
Mit ehrerbiet'gem Verneigen;
Doch Bertha keins der Worte verstund,
Sie sah ihn nur an mit Schweigen.

Er dachte nicht mehr an's Holz zurück,
Denn bange war's ihm zu weilen;
Er dachte, die Fee bringt dir wohl Glück,
Doch schien ihm besser zu eilen.

Er ging zu dem Stiergespann und fuhr
Im einsamen Waldesgleise,
Und Bertha folgte des Wagens Spur,
Voll Thränen, schweigsam, leise.

So trat sie immer dem Wagen nach
In dämmernder Abendkühle,
Da zeigte sich freundlich am sprudelnden Bach
Eine fleißig klappernde Mühle.

Hier bog der Mann in das Thor hinein,
Die Stiere gingen zum Stalle,
Im Hause blinkte mit heimlichem Schein
Das Feuer in der Halle.

Nun trat der Wirth wohl unter das Dach,
Das war von der Glut so helle,
Und die Königstochter, hinten nach
Wohl trat sie über die Schwelle.

Da staunte der Müller, des Müllers Frau,
Und schaute die Tochter so lüstern;
Sie sahn sie lange wohl an genau,
Und tauschten heimliches Flüstern.

Ihr blitzte das Diadem im Haar
Voll leuchtender Edelsteine,
Doch wurde des Müllers Frau gewahr
Auf der Wange der Thränen eine.

Sie sprach: Eine Fee ist's nimmermehr,
Denn sie weinet, wie unser Eines;
Es trieb sie die Noth wohl zu uns her,
Doch ist sie wohl nicht Gemeines.

Nun that die Alte mit breitem Mund
Viel Fragen, höflich sich neigend;
Doch Bertha keins der Worte verstund,
Sie nickt' ein wenig, schweigend.

Die Alte sprach: Nun, Tochter, geschwind,
Nun führ' sie in deine Kammer,
Wohl findet noch Trost das arme Kind,
Und wird sich lindern ihr Jammer.

Ihr wies das Kämmerchen unterm Dach
Die Tochter, und trug zwei Kerzen,
Und Bertha folgt' ihr die Stiege nach,
Unsägliches Leid im Herzen.

Nicht lange, so brachte die Alt' ein Mahl,
Das war so wirthlich gemeinet —
Ach, wer da leidet an tiefster Qual,
Der hat genug, wenn er weinet!

Des Müllers Tochter begehrte nun
Nach des Tages Müh'n zu Bette,
Und wies auch Bertha, sie möge ruh'n,
Und mit ihr theilen die Stätte.

Doch sie saß still auf dem Schemel dort,
Bis des Müllers Kind entschlafen;
Weit schweiften ihre Gedanken fort,
Sie dachte der bösen Grafen.

Da ging die Alte noch spät durch's Haus,
Und trat in's obere Zimmer,
Sie nahm die Kerzen, und löschte sie aus;
Da leuchtete Mondesschimmer.

Der Vollmond hell durch die Scheiben schien,
Und ward das Mühlrad stille:
Da trieb es Bertha nieder zu knien
Aus ihres Herzens Fülle.

Sie hat ein leises Gebet gesagt:
Herr Gott auf himmlischem Throne,
O hilf, Maria, mir armen Magd,
Mit deinem heiligen Sohne.

Herr Gott, dein Wille, der soll geschehn,
Und müßte das Herz mir brechen,
Und darf ich nicht Vater und Mutter mehr sehn,
Es soll dir nicht widersprechen!

Maria, o deine Gnad' ist groß,
Du wolle mich halten und heben;
Und ist mir bestimmt kein königlich Loos,
Gern will ich verborgen hier leben.

Erniedriget will ich ja leben hier,
Wie sich dein Sohn auch ergeben;
Du stärke das Herz der Schwachen mir,
Daß ich ertrage das Leben!

Doch meine Eltern laß glauben daheim,
Ich lebte vermält im Glücke,
Und nimm, Maria, nur bald mich heim
In deine Arme zurücke.

Bis dahin aber verleih mir Muth
Um deines Sohnes Namen,
Und laß mich bleiben fromm und gut
In all' meinem Leiden — Amen!

Der Vollmond schien ihr in's schöne Gesicht,
Ihr Auge voll Thau zu verklären;
Sie setzte sich nieder, sie schluchzte nicht,
Doch flossen ihr stille Zähren.

Häuslichkeit.

Und bei dem ersten Morgenschein
Läuteten draußen die Kühe,
Da erwachte des Müllers Töchterlein
In der purpurgoldenen Frühe.

Da hat verwundert die Maid erkannt,
Daß die Genossin ihr fehle.
Schnell sprang sie auf, und nahm das Gewand,
Und theilte das Haar in Sträle.

Doch Bertha, das arme Königskind,
Legt' ab ihr leuchtend Geschmeide,
Legt' ab ihr prangend Gewand geschwind
Von Sammt und glänzender Seide.

Die Jungfraun sahen einander an
In der sonnigen Morgenstunde,
Und Bertha umarmte das Mädchen dann,
Und küßte sie Mund an Munde.

Da trat die Alte zur Thür herein:
Wie, Mädchen, vertraut so balde?
Nun, Tochter, rüstig! spute dich fein!
Der Vater fähret zu Walde.

Sie stiegen hinunter, und Bertha mit,
Da gab es viel zu bereiten.
Sie folgte der Tochter auf jedem Schritt,
Und wich ihr nicht von der Seiten.

Sie suchte zu helfen mit freundlicher Hand,
Und suchte zu ordnen und schmücken,
Und wo sie irgend zu schaffen fand,
Das konnte das Herz ihr beglücken.

Nichts war ihr zu niedrig und zu gering,
Sie that es wohl ungeheißen,
Und sucht' im Hause sich aller Ding'
In rechter Treu zu befleißen.

Nie hat sie ein klagendes Wort gesagt,
Sie sprach nur leise, nur wenig,
Sie gab sich nicht anders als eine Magd —
Und war ihr beschieden ein König!

Sie lernte spinnen den goldenen Lein,
Und binden im Korn die Aehren,
Und lehrte des Müllers Töchterlein;
Viel Schönes konnte sie lehren.

Sie lehrte sie freundlich mit zarter Hand
Viel herrliche Muster sticken,
Und Kanten klöpfeln an Kleides Rand,
Und zierliche Borten stricken.

Auch schrieb sie heilige Bücher mit Fleiß
In den goldenen Stunden der Frühe,
Und malte sie sauber, roth auf weiß,
Das war ihr süßeste Mühe.

Sie wußte die Kammer, das ganze Haus
Wohl sinniglich auszuschildern:
Was sah die Mühle so schmuck da aus
Mit Blumen und heiligen Bildern!

Und Sonntags ging zur Meſſ' über Land
Des Müllers Hausgemeine,
Dann ging, das Gebetbuch in der Hand,
Auch Bertha die ſtille, die reine.

Doch auch auf dem Berg bei der Mühle war
Eine niedrige Waldkapelle,
Dort ſtärkte ſie knieend ſich am Altar
An des ewigen Friedens Quelle.

Da kamen wohl die Thier' aus dem Wald,
Die Hirſch' und die ſcheuen Rehe,
Sie ſammelten ſich um die liebe Geſtalt,
Nicht fürchtend der Betenden Nähe.

Und ging ſie zurück nach Hauſe den Weg,
Dann folgten ſie ihr auf dem Wege,
Sie folgten ihr über des Mühlbachs Steg
Bis an das Gartengehege.

Nun betete wohl nicht halb ſo viel
Des Müllers Tochter, die gute,
Sie liebt' auch wohl ein behendes Spiel,
Und Tanz mit wogendem Blute.

Doch meinten die Leut', es müßten sein
Zwei liebe Schwestern die Beiden,
Auch sah man von Scheitel bis Zeh sie fein
Nach gleicher Weise sich kleiden.

Sie hielten auch stets an einander treu
Und schliefen auf Einem Pfühle:
So rollten die Tage rasch vorbei
In des Waldgrunds freundlicher Mühle.

Nur wenn sie saß an dem Wiesenrand
Und sprengte das bleichende Linnen,
Und rauschte der Wald an der Bergeswand,
Versank sie in tiefes Sinnen.

Es ward ihr so weh in der stillen Brust,
Und so eng ihr des Thales Schranken,
Und weithin schweiften mit träumender Lust
Die süßverirrten Gedanken.

Dann thaten die Zweige sich auf, und trat
Hervor ein stattlicher Ritter,
Der wollte sie retten mit kühner That,
Und öffnen des Helmes Gitter.

Doch plötzlich stürzt' auf die Räder der Bach,
Und wehte der Wind so kühle —
Dann sah sie mit mehlbestäubetem Dach
Nur wieder die klappernde Mühle.

Der Grafen Heimkehr.

Nun soll ich euch sagen am andern Theil,
Was die bösen Grafen begannen.
Sie fuhren den Wald durch mit aller Eil',
Und waren schon aus den Tannen.

Sie kamen an einen Wiesenplan,
Da schöpften sie Athem wieder;
Sie hielten die Rosse, die schäumenden, an,
Und stiegen vom Wagen nieder.

Sprach Guy: Nun, Brüderchen, laß uns fein
Der Königin Mitgift schauen!
Sie wälzten die Kasten und schlugen sie ein,
Und streuten die Schätz' auf die Auen.

Sprach Renar: Hier finden wir reichen Sold,
Die ganze Welt zu erkaufen:
Da ward ins Gras das gemünzte Gold
Wie Korn geschüttet zu Haufen.

Drin scharrten und wühlten sie beide schier,
Das war eine wilde Freude!
Dem Einen blitzten die Augen vor Gier,
Der Andre ward blaß vor Neide.

Sie erbrachen da einen starken Schrank,
Drin lagen edle Geschmeide
Und Kleider, mit Gold und Silber blank,
Von Sammet und flimmernder Seide.

Guy rief sein Mädchen und sprach: Sieh da,
Das sind nun alles die deinen!
Und wie Berchthilde die Kleider sah,
Hörte sie auf zu weinen.

Und fürder schlugen sie Kisten ein,
Drin lagen Röcke für Männer,
Da griff Graf Renar hastig hinein,
Und zog sich den besten, als Kenner.

Den blitzenden Goldrock anzuziehn
  Hat es den Grafen gelüstet:
Der Rock war bestimmt für König Pipin,
  Drin jetzt der Verräther sich brüstet!

Graf Guy, der wurde vor Zorne roth
  Um Renars freches Beginnen.
Er sprach: Schamloser, du bringst uns den Tod,
  Wir werden dem Tod nicht entrinnen!

Sprach Renar: Herr Guy, was meinet ihr nun?
  Ihr meint, ihr könnt mich entbehren!
Ihr meint es auch ohne mich zu thun!
  Da will ich euch besser belehren!

Bedenkt, Herr Guy, es fehlet noch viel,
  Bis eure Tochter vermälet;
Jetzt erst beginnet das schlaue Spiel,
  Wißt ihr es, nun so erzählet!

Da war verstummet des Grafen Mund,
  Und verloren sein Sinn in Denken.
Sprach Renar: Mir sind die Wege kund,
  Laßt mich, ich weiß es zu lenken!

Nun ließ er fahren nach Baierland,
Dort kauft' er Gründ' und Felder,
Und wo er Häuser zu kaufen fand:
Er hatte genug ja der Gelder!

Das theilt' er unter die Knechte nun aus,
Und gab ihnen Silbers die Fülle,
Und jedem ein Feld, und dazu ein Haus:
Dort sollten sie wohnen in Stille.

Und wieder warb er umher im Land,
Und ließ das Silber erklingen,
Da kamen der Leute genug gerannt,
Und ließen gerne sich dingen.

Und traf er Männer von ungefähr,
Auf der Straß', im Wald und im Felde,
Er warb des Gesindes ein ganzes Heer
Mit dem unerschöpflichen Gelde.

Sie hatten genug ja der Kleiderpracht,
Und genug der stattlichen Pferde:
Da saßen zu Roß in schimmernder Tracht
Die Bauern mit plumper Geberde.

Schon fuhren sie wieder zurück durch den Wald,
Wohl über Berg und Heide;
Und fröhlicher ward Berchthilde bald,
Sie saß ja im schimmernden Kleide!

Graf Guy von neuem in Sorge fiel,
Die das schuldige Herz ihm preßte;
Er sprach: Wir treiben vergeblich Spiel,
Wir haben vergessen das Beste!

Dem König Pipin ist der Ring bekannt,
Den seiner Braut er gesendet:
Den mußten wir ziehen von ihrer Hand,
Als wir uns von ihr gewendet!

Sprach Renar: der Knoten löset sich leicht:
Wie ein Mädchen gleichet dem andern,
Ein Ring auch wohl dem andern gleicht:
Drum lasset getrost uns wandern!

Wie nun sie zogen über den Rhein,
Da kamen zu schaun die Leute:
Was ist die junge Königin fein!
Was hat sie ein reiches Geleite!

Durch die Lande lief die Kunde voran,
Wie Waldesrauschen im Winde:
Die Königin sei so wohlgethan,
Und führ' ein prächtig Gesinde.

Sie kamen in's letzte Nachtquartier,
Da sagte Renar der Sünder:
Zwei Tonnen Goldes gehören mir
Für mich und für meine Kinder!

Und ferner brauch' ich das weiße Roß,
Das wir von Oesterreich bringen,
Auf diesem muß ich reiten in's Schloß,
Das ziemt mir vor allen Dingen!

Nun fuhren sie ein zu Aachen in's Thor,
Mit ihrem langen Trosse,
Graf Renar, der ritt dem Wagen vor
Auf seinem weißen Rosse.

Der Zelter war mit Golde gezäumt,
Das mußte den Rittern gefallen,
Er trug sich so stolz und so kühn gebäumt
Bei der lauten Drommeten Schallen.

Und wißt ihr noch, wem der Zelter gehört?
Den pflegte Bertha zu reiten,
Wohl ließ sich von ihr das edle Pferd
So leicht an dem Zügel leiten.

Doch wie Graf Renar nahte dem Thor,
Stolzierend auf der Brücke,
Da bäumte sich steigend das Roß empor,
Die Leute traten zurücke —

Da stürzte der Graf; sein kahles Haupt
Zerbarst an des Thores Schwelle,
Der Goldrock troff von Blut, bestaubt,
Und die Seele fuhr zur Hölle!

Das Roß, sich schüttelnd mit wildem Muth,
Wieherte laut gen Himmel;
Dann ging es weiter fromm und gut:
Da ward im Volk ein Getümmel.

Da sprachen, zu einander gewandt,
Die Männer, blaß wie die Leichen:
Der Tag bringt nimmer Gutes in's Land,
Das ist ein böses Zeichen!

Graf Guy, dem brach der Angstschweiß aus,
Berchthilde begann zu beten.
Sie kamen nun näher an's Königshaus,
Da stieß man in die Drommeten.

Die Vermälung.

Es hielten die Wagen im Schloßportal,
Pagen kamen zum Wagen,
Man führte die Braut hinauf in den Saal:
Der mußte das Herz wohl schlagen!

Und wie der König sie sah von fern,
Gedacht' er, es ging doch die Sage,
Sie sei der Schönheit herrlichster Stern:
Nun kommt es anders zu Tage.

Und wie sie trat in den Saal herein,
Gedacht' er, sie ist doch recht gattlich,
Sie ist recht zierlich — nur ist sie zu klein;
Ich meinte sie groß und stattlich!

Herr Guy der führte sie vor den Thron,
Rings sah man die Ritter sich neigen,
Auf's Haupt ihr setzte Pipin die Kron'
Und bat sie den Thron zu besteigen.

Der Bischof weihete nun den Bund,
Und sprach sein heiliges Amen,
Drauf küßte der König sie auf den Mund:
Da trug sie der Königin Namen.

Meine Bertha, sagte König Pipin,
Sie aber schauete nieder,
Sie schauete nicht hinauf an ihn,
Ihr bebten noch immer die Glieder.

Doch unter den Rittern im Saal allda
War ängstliches Fragen und Raunen,
Und endlich kam es dem Throne nah,
Das sah der König mit Staunen.

Er sprach: Was ist? Da schwiegen sie all'.
Er rief: Das sollt ihr mir sagen!
Wie, gäb' es auf Erden solchen Fall,
Daß meine Helden zagen!

Da trat mit Verneigen der Pfalzgraf vor:
Herr, Einer endet' in Frieden,
Graf Renar stürzte vom Roß vor dem Thor
Und ist vom Leben geschieden.

Der König rief: Für den, den es traf,
Fürwahr ein arges Zeichen!
Und vor dem Thore verschied der Graf,
Da kann es zu uns nicht reichen!

Und, sagte der Pfalzgraf, Graf Riol
Ist unterweges verschieden —
Der König sprach: Zu klagen ist wohl,
Doch heut sei Klage vermieden!

Der morgende Tag gehöre dem Schmerz,
Die Abgeschiednen zu ehren;
Heut aber, ihr Lieben, bezwinget das Herz,
Und lasset das Fest gewähren.

Das war im Königspalast ein Fest!
Die Freude führte den Reigen!
Mit lautem Jubel schwärmten die Gäst'
Und schollen Pauken und Geigen.

Des Königs Leid.

Des andern Tages ging allein
Der stolze König der Franken;
„Das ist der großen Könige Frein —"
Sprach er für sich in Gedanken.

Nun ließ der König mit ernster Pracht
Ein Leichenfest bereiten;
Der Münster war schwarz umflort wie die Nacht,
Und scholl ein dumpfes Läuten.

Der Münster wogte von Weihrauchduft,
Und brannten viel tausend Kerzen;
Der König folgte dem Sarg an die Gruft,
Trauer trug er im Herzen.

Und wiederum ging still und allein
Der stolze König der Franken;
Er sprach vertieft, in sich selber hinein,
Und ging in schweren Gedanken.

„Wohl hat sie ein unerschöpfliches Gold
Und stammt aus hohem Geblüte;
Doch ist sie von Herzen nicht lieb und hold,
Und ist so arm an Güte."

Er hatte gebaut einen neuen Palast,
Mit der Königin drin zu thronen:
Nun war ihm alle die Pracht zur Last,
Er mochte darin nicht wohnen.

Er hatt' einen schönen Garten gebaut,
Mit der Gattin sich drin zu ergehen:
Sie aber war ja nicht lieb und traut —
Er mochte den Garten nicht sehen.

Am liebsten war er von Hause fort
Mit den kühnen Jagdgesellen;
Doch sprach er selten ein heiter Wort,
Und vergaß nach dem Wilde zu stellen.

Des Königs Reise.

Nun wollt' er durchreisen sein weites Reich,
Und des Landes Marken befahren;
Der Pfalzgraf fuhr mit dem König zugleich,
Gereift an Geist und an Jahren.

Sie fuhren umher durch das grüne Land,
Das sahn sie zu Berges Füßen;
Da wurde mit Freuden der König erkannt,
Da gab es ein Jubeln und Grüßen.

Und weiter sahn sie, den Fluß entlang
Viel fleißige Hände sich regen;
Da hoben sich Städte, freundlich und blank
In grünen Thälern gelegen.

Und wiederum fuhren sie stromhinauf
Durch des Rheinlands wonnige Gauen,
Und überall an des Flusses Lauf
War es ein Schaffen und Bauen.

Da war kein Felsen so hoch und steil,
Dort hoben sich Burgen und Warten;
Und wuchs in den Städten der Straßen Zeil'.
Und ringsum war's, wie ein Garten.

Das Weinlaub kränzte der Felsen Hang
Mit frühlingshellen Gewinden;
Die Römerstraß' an der Bergwand schlang
Sich kühn entlang ob den Gründen.

Und den Strom hinauf, und den Strom zu Thal,
Durch die grünen krystallenen Wogen,
Mit gebauschtem Segel im Sonnenstrahl,
Kamen die Schifflein gezogen.

Wohl sah mit Freuden des Königs Sinn
Sein Volk gedeihn und erstarken;
Drauf wollt' er weiter nach Osten hin
Befahren des Reiches Marken.

Da ward es stiller und stiller bald,
Und leerer und öder die Pfade,
Da fuhr kein Kärrner und scholl im Wald
Kein Wagen mit ächzendem Rade.

Je weiter, je wilder: kein Kornfeld lacht,
Es schwanden die freundlichen Matten;
Sie zogen dahin durch feuchte Nacht
In verwachsener Eichen Schatten.

Sie ritten den langen Sommertag
Im finstern Walde der Föhren,
Da ließ mit munter geselligem Schlag
Nicht Drossel noch Amsel sich hören.

Sie ritten des Berges Rücken empor,
Da schauten sie von dem Gipfel,
So weit sich das suchende Auge verlor,
Nur finstere Föhrenwipfel,

So weit der Himmel, nur schwarzen Wald,
Nur qualmende Schluchten und Thale,
Und wogende Wolken verhüllten kalt
Erd' und Himmel mit Einem Male.

Es scholl ein schauerlich wild Gebrüll,
Der Groll des erzürnten Bären;
Die Rosse zitterten — man hielt still,
Der König griff nach den Speeren.

Sie ritten am hohen, verwilderten Rohr,
Da blickte mit stierem Blicke
Der wilde Auerochs glotzend hervor —
Und wich in das Moor zurücke.

Sie ritten im Nebel durch riesiges Gras,
Da hub sich langsam das dumpfe,
Das plumpe Elenn auf aus dem Naß,
Und ging, einsinkend im Sumpfe.

Und wie sich neigte der graue Tag,
Da sahen sie unter Eichen
Nach langer Oed' in einem Hag
Von Menschen ein freundliches Zeichen.

Sie sahn aufqualmenden blauen Rauch,
Geweht durch die knorrigen Aeste,
Und bald die lodernden Flammen auch,
Und drum gelagert die Gäste.

Die brieten an einem hölzernen Spieß
Des Ebers mächtigen Rücken,
Der wohl am Dufte sich spüren ließ;
Nun wollten sie ihn zerstücken.

Der König trat an das Feuer heran,
Und seine Diener auch nahten;
Doch achtete seiner kaum ein Mann,
Sie schauten nur all' auf den Braten.

Und endlich wandte der Eine vom Schwein
Sein Antlitz hin auf den König;
Auch brummt' er was in den Bart hinein,
Davon verstand man wohl wenig.

Denn in der weißen Zähne Gebiß
Hielt er das Messer, das breite,
Und knieend mit seinen Händen riß
Er ein Stück von des Ebers Seite.

Und reichte dem König Pipin es dar
Mit wenig höflicher Bitte;
Der König stand betroffen fürwahr
Ob dieser gastlichen Sitte.

Ein anderer trug ein mächtiges Horn,
Das ein Auerochs einst getragen,
Das war gefüllt, doch nicht mit dem Born,
Er bot es dem Herrn mit Behagen.

Gefüllet war es mit braunem Trank,
Der König nahm es zum Munde,
Er trank und sagte dem Wirthe Dank,
Drauf der es leerte zum Grunde.

Ihn verlangte nach einem Trunk vom Born:
Das war ein entsetzlich Gebräue!
Und wieder bot man ihm dar das Horn,
Gefüllt vom selben aufs neue.

Der Pfalzgraf sprach: Nun saget mir frei:
Wie heißt im Lande der König? —
Der König? König kenne wir kei —
Ist einer, er kümmert uns wenig!

Eu'r König und Herr ist dieser Mann,
Der König Pipin der Franken!
Hm, brummten sie, und sahn ihn nicht an —
Der König stand in Gedanken.

Der König Pipin ließ jedem ein Stück
Des geprägten Silbers reichen;
Sie nahmen es ohne Dank im Blick —
Da gab er zur Reise das Zeichen.

Die Jagd.

Das war im Gebirg ein Jägerhaus,
Wo der König zur Nacht gerastet;
Er schaut' in der Frühe zum Fenster hinaus,
Da fühlt' er sich frei und entlastet.

So purpurn tagte der Morgen empor,
O welch ein liebliches Tagen!
Und zogen froh durch des Hofes Thor
Die Jäger hinaus zum Jagen.

Herr Pfalzgraf, sprach da König Pipin:
Gott wolle das Reich besorgen,
Mich lüstet es heut' auf die Jagd zu ziehn
Hinaus in den frischen Morgen.

Da ward geführt sein muthiges Roß,
Drauf hat sich der König geschwungen:
Wie ritt er so stolz vor dem Jägertroß,
Von lockenden Hörnern umklungen!

Es lagen so still im dämmernden Duft
Die Thäler in blauer Tiefe,
Dem König war's in der reinen Luft,
Als ob eine Stimm' ihn riefe.

Nun kam der Sonne goldiger Stral
Pfeilschnell aus der Wolke geschossen,
Hinstreifend über das dampfende Thal,
Und der Berg stand lichtumflossen.

Da brach aus allen Zweigen hervor,
Aus den sonnetriefenden Büschen,
Der munteren Vöglein heller Chor,
Des Königes Herz zu erfrischen.

Und die Bächlein sprangen so fröhlich heraus
Mit Rauschen, Jubeln und Schäumen;
Weißsprühend aus dunkelem Felsenhaus,
Und weiß aus den sonnigen Bäumen.

Auf einmal sprang aus dem grünen Busch
 Auch ein weißer Hirsch so behende,
Wohl sprang er über die Sträucher, husch,
 Geschnellt von strebender Lende!

Da stürzten die Hunde sich hinterdrein,
 Und die Jäger spornten die Rosse;
Doch folgen konnte der König allein,
 Weit war er voran dem Trosse.

Es trug sein Roß den stolzesten Mann
 Mit leichtbeflügelten Hufen;
Es trug ihn muthig den Felsen hinan,
 Und hinab die Felsenstufen.

Er sprengte die hallende Schlucht entlang,
 Bald hatt' er den Hirsch verloren,
Dann sah er ihn wieder, wie flüchtig er sprang,
 Und gab dem Rosse die Sporen.

Nun öffnete sich die Felsenschlucht,
 Doch der Wald ward dichter und enger,
Da hatte der Hirsch gewonnen die Flucht,
 Und sah ihn der König nicht länger.

Doch sah er im schwarzen Tannenwald
Blauwolkigen Rauch sich erheben,
Zwei schwarze Köhler fand er alsbald,
Die brannten Kohlen soeben.

Es fragte der König den ältern Mann
Nach Wegen und Heeresstraßen;
Da sah' ihn der Alte verwundert an,
Und der junge lacht' unmaßen.

Der Alte sprach: da habt ihr noch weit
Aus diesen Waldesgründen;
Wenn ihr nur erst bei der Mühle seid,
Könnt ihr schon selber euch finden.

Und gebet ihr einen kleinen Lohn,
So soll mein Sohn euch geleiten;
Und führet euch durch den Wald mein Sohn,
Da erreicht ihr die Mühle bei Zeiten.

Da sprach der König zum Köhler frei:
Gebt einen Trunk mir zur Labe.
Der Köhler sagte: der Bach hiebei
Ist alles was ich habe.

Nun ging der rußige Köhlerknapp
Wohl neben dem Roß behende,
Sie stiegen rüstig bergauf, bergab,
Und kamen den Wald nicht zu Ende.

Der Knapp sprach: Herr, wenn ihr hungrig seid,
Gut Imbiß ist in der Mühle,
Wir haben zur Mühle nicht mehr weit,
Am Mühlbach lieget sie kühle.

Der Müller, der hat gut Brod und Wein,
Das giebt er gerne den Gästen;
Und liebet ihr hübsche Mägdelein,
Dort find't ihr die allerbesten.

Da sprach der König: Gesteh's nur ein,
Nun, Bursch', und sag' es mir offen,
Die Eine wird wohl dein Schätzchen sein,
Mir scheint, ich hab' es getroffen.

Ei, sagte der Bursch: Mir wär es nicht leid,
Doch möchte sich das nicht schicken:
Verrathen sind Köhler und Müllersmaid
Wenn sie sich küssen und drücken!

Da lachte der König, und sprach: In der Mühl'
Giebt's also viel schmucke Mädel?
O Herr, des Guten hat's nirgend viel,
Zwei sind es, doch schön und edel.

Die Eine, Herr, die hat euch ein Haar
So glänzend und schwarz wie Kohlen;
Und wie Karfunkel ein Augenpaar,
Einem's Herz aus dem Leibe zu holen.

Die andre ist blond, und fromm und fein,
Doch trägt sie herrliche Glieder;
Und folgt ihr immer ein Hirschelein
Trepp' auf und Treppe nieder.

Mit dem, so kamen sie an ein Dach,
Das war eine Waldkapelle;
Da sagte der Bub: Nun folget mir nach,
Nun sind wir bald zur Stelle.

Doch stieg vom Roß der König Pipin,
Ein stilles Gebet zu sagen;
Es zog sein Herz ihn niederzuknien —
Ein Buch lag aufgeschlagen.

Er sprach das aufgeschlagne Gebet,
Das paßte so recht zur Stunde,
Er hat sich des Himmels Segen erfleht
Mit leise bewegtem Munde.

Er hob sich vom Knie, und war so erbaut,
Und betrachtete die Kapelle —
Ach, wüßt' er, daß seine verlobte Braut
Betet an dieser Stelle!

Er stieg nicht wieder zu Roß, der Steg
Ging über Wurzeln und Steine;
Der Köhlerbub hüpfte voran den Weg
Im grünen sonnigen Scheine.

Nun traten sie durch ein Felsenthor,
Da hörten sie klappern die Mühle;
Und athmete tief aus dem Thal empor
Ein Hauch so würzig und kühle.

Auch öffnete bald sich der Waldespfad,
Da sahn sie den Mühlbach schäumen,
Und die freundliche Mühle mit rauschendem Rad
In blühenden Apfelbäumen.

Weißblühend im grünen dunkelm Grund,
Wie ein Kind in der Wiege lächelt;
Sie grüßten die Mühle mit Herz und Mund,
Von Blüthendüften umfächelt.

Der Köhler sprach: Seht, unten im Thal
Die Mädchen im Schatten der Lauben!
Wohl pflücken sie Frühlingskräuter zum Mahl,
Und mitten drunter die Tauben!

Die Eine füttert die Tauben fein,
Die emsig die Körnlein picken,
Die andre reicht ihrem Hirschelein
Was abfällt bei dem Pflücken.

Da sah der König das weiße Thier,
Und konnte sein Wundern nicht bergen;
Nun, Köhler, sag mir, es giebt wohl hier
Viel weiße Hirsch' in den Bergen?

Nein Herr, es giebt nur Einen im Land,
Und keinen andern als diesen.
Nun, sprach der König, der ist mir bekannt,
Der hat den Weg mir gewiesen!

Schon kamen sie an den kühlen Bach,
Und waren schon auf dem Stege;
Der König führte sein Roß gemach,
Der Knapp that auf das Gehege.

Sie gingen am Schleedornhag entlang,
Drin Vöglein schwärmten und sangen;
Es streiften im dichtverwachsenen Gang
Die Blüthen des Königes Wangen.

Nun traten sie in des Hofes Raum,
Der König und auch sein Rappe,
Den führt' er selber am goldnen Zaum,
Und der rußige Köhlerknappe.

Da flatterten rauschend die Tauben auf,
Und sprangen die Mädchen vom Sitze;
Das Hirschlein lief in flüchtigem Lauf,
Doch der Köhlerbub schwenkte die Mütze.

Und Bertha, das liebliche Königskind,
Sprang hinter die Hecke zur Seiten,
Wohl sah sie — ihr schlug das Herz so geschwind —
Den stolzen Ritter von weiten.

Doch die Müllerstochter mit munterer Hast
Sprang hurtig empor die Stufen,
Um drinnen und draußen zu melden den Gast,
Und Vater und Mutter zu rufen.

Sie schlüpfte tanzend zum obern Gemach
Die äußere Treppe behende —
Des Königes Augen folgten ihr nach
Wohl auf der Treppenwende.

Da trat der Müller, die Müllersfrau
Dem Gaste höflich entgegen;
Der König sprach: Gott grüß euch, und, schau,
Die Mühl' ist freundlich gelegen!

Herr Müller, mir scheint, daß ihr fleißig seid,
Das Dach ist mit Mehl bestäubet,
Und weiß, wie mit Mehl der Garten bestreut,
Daß kaum was Grünes noch bleibet!

Da lachte der Müller und sprach: Ja Herr,
Die Mühl' ist trefflich gelegen;
Und giebt uns zu allem auch Gott der Herr
Recht seinen himmlischen Segen.

In der Mühle.

Der König nun ließ sich's behaglich sein,
Und sprach mit den Alten im Zimmer,
Er trank einen guten kühlen Wein
In des Raums grün dämmerndem Schimmer.

Doch draußen saß der rußige Knapp
In der Sonn' auf der untersten Stufe,
Und Lindenblätter naschte der Rapp,
Und scharrte wohl mit dem Hufe.

Der Knabe saß auf der Treppe dort,
Nachdenksam mit sich alleine,
Ihm ging im Kopf nur immer das Wort:
Dein Schätzchen ist wohl die Eine.

Das that ihm so wohl, das that ihm so leid,
Er konnte das Wort nicht vergessen;
Da kam geschäftig die Müllersmaid,
Und bot ihm zu trinken, zu essen.

Dann trat sie an's Roß, und strich ihm die Mähn',
Und kos't' ihm mit freundlichen Worten,
Und mußte vor allem genau besehn
Des Zaumes goldene Borten.

Sie hatte des schwarzen Köhlers nicht Acht,
Noch seiner lustigen Lache,
Das hat ihn verdrossen, er ging wohl sacht,
Um sich zu waschen im Bache.

Doch ehe der Bursch noch wiederkam,
Sprang sie, behend wie im Reigen,
Sie holte von Borten den ganzen Kram,
Um alles dem Herrn zu zeigen.

Sie gab's in die Hand ihm Stück für Stück,
Und holte noch mehr von oben;
Der König besah es mit kundigem Blick,
Und mußte die Wirkerin loben.

Ja, sprach sie, das hat mich die Bertha gelehrt,
Die freilich macht es noch feiner;
Nur ist's kein Gold, wie an eurem Pferd,
Wir sind auch geringer und kleiner.

Die Frau nun hielt in der Kammer Schau,
Sie wollte geben das Beste;
Nie fehlet es einer klugen Frau
Für unvermuthete Gäste.

Doch Bertha war ins obre Gemach
Mit schlagendem Herzen gegangen,
Ihr Herz hing vielen Gedanken nach,
Ihr sprang das Blut in den Wangen.

Ihr war, als wenn im entlegensten Land
Landsleute sich finden und kennen,
Ihr war, als hätte sie längst ihn gekannt,
Und wüßte nur nicht ihn zu nennen.

Sie hatte den Ritter betrachtet genau,
Die herrschende stolze Gestaltung,
Der hohen Glieder herrlichen Bau,
Und die milde freundliche Waltung.

Gewiß, er dient einem König! und steht
An seiner Seite voll Ehren —
Vielleicht dem König Pipin — und geht —
O will mein Herz mich bethören!

Er kennt auch meinen Vater vielleicht!
Nun wird es erfüllt, vollendet!
O Vater, wenn dich die Kund' erreicht!
Du hast ihn wohl selber gesendet!

Sie stürzte nieder auf ihre Knie,
Sie betet' aus Herzensfülle,
Nun stand sie voll Thränen und trocknete sie:
O Herz, sei stark und stille!

Und sendet ihn auch mein Vater nicht her,
Gewiß, ich darf auf ihn bauen,
Sein Aug' ist treu, und sein Gang so hehr,
Ihm darf ich ganz mich vertrauen!

Sie nahm aus dem Schreine das Diadem,
Und ihr königlich Kleid von Seide,
Sie hatt' es nicht angerührt seitdem,
Nun sah sie es an mit Freude!

Wohl fielen Thränen auf's seidne Kleid
Und wohl auf die Edelsteine —
Sie drückt' es an's Herz voll Lieb und Leid —
Und verbarg es wieder im Schreine.

Sie stieg hernieder und trat herein,
Das Auge geklärt vom Weinen:
Da saß der König beim kühlen Wein,
Wohl staunend ob ihrem Erscheinen.

Die Müllerin sprach: Nun spute dich fein,
Und eile den Tisch zu decken,
Der Ritter, hoff' ich, wird hungrig sein,
Da könnte das Mahl ihm schmecken!

Und Bertha nahm aus dem duftigen Schrein
Mit häuslich waltendem Sinne,
Ein Tuch von weißem, glänzendem Lein,
Und die Schüsseln von blitzendem Zinne.

Dann half sie dem Ritter, wohl eingedenk,
Wie sie des Vaters gepfleget,
Sie half ihm lösen das Wehrgehenk:
Da hat sich das Herz ihm geregt!

Nun kniete sie nieder, und löste die Schuh,
Und wusch des Königes Füße;
In Schaun versunken ließ er es zu —
Ihm dienen war ihr süße.

Drauf trug sie das ländliche Mahl herein,
Und lud den Ritter zum Mahle,
Er setzte sich, aß, und griff zu dem Wein
Im hohen, irdnen Pokale.

Dann hatte sie draußen des Rosses Acht,
Sie löste das Roß vom Baume,
Sie küßt' ihm den Hals und führt' es bedacht
Zum Stall am goldenen Zaume.

Nun saß der König am Tisch allein
Im goldigen Abendschimmer,
Er lobte das Mahl und lobte den Wein:
Das hörte die Wirthin im Zimmer.

Sie sprach wohl freudig: Es ist schon spät,
Es wird schon dunkel und kühle;
Herr, wenn ihr mein Ehbett nicht verschmäht,
So bleibt bei uns in der Mühle.

Und Bertha ging wohl ohne Geheiß,
Sie eilte so gern ihm zu dienen,
Zu ordnen das Lager neu und weiß:
Wie leuchtend die Linnen schienen!

Sie legte das Polster zu Häupten hin,
Recht sanft den Ritter zu betten,
Breit war das Lager, daß zwei darin
Bequem wohl Ruhe hätten.

Doch wieder ging sie zum Roß, und rief:
Du hast ihn mir hergetragen!
Sie küßt' ihm den Hals, und seufzete tief:
O könntest du alles mir sagen!

Die Unterhandlung.

Die Müllerin sprach zu ihrem Mann:
Der Gast, was gilt es, bringt Segen —
Doch haben wir ja nicht Mangel woran;
An Gott ist alles gelegen.

Die Müllerin sprach: der Gast, gieb Acht —
Und sollten wir reich noch werden —
Schon manchem kam das Glück über Nacht —
Doch läßt man ja alles auf Erden —

Der Müller sagte zum König gemach:
Heut ist uns Freude bereitet!
Und König Pipin hinwieder sprach:
Ein Engel hat mich geleitet!

Ja, Müller, denn deiner Töchterlein
Muß hoch das Herz sich erfreuen.
Da sagte der Müller: das soll wohl sein,
Und soll mich auch nimmer gereuen!

Wie meinest du das? — Ach, Herr, die Maid —
In unserm Hause, die feine,
Die ist nicht mein — sie sagt nicht Bescheid,
Doch Eltern hat sie wohl keine!

Im Wald einst fand sie sich zu mir ein,
Da hab' ich sie aufgenommen,
Wir hofften, sie würd' uns ein Segen sein,
Und würden zu Gütern kommen.

Doch da sie der Ihrigen keinen hat
Und keine Güter zu spenden,
So ist sie uns eben so lieb in der That;
Auch hilft sie mit Herz und Händen.

Doch wenn ihr begehret von mir die Maid,
Und wollt mir strenge befehlen,
Und wenn ihr der Ihrigen einer seid,
So kann ich sie nicht euch verhehlen.

Da sprang der König vom Stuhl sogleich:
    Wohl bin ich der Ihrigen Einer!
Wohl ist das Mädchen an Gütern reich,
    Die werden durch Spenden nicht kleiner!

Und begehrest du Gold, hier leg' ich es her,
    Und will auch die Kette dir schenken,
Jedwedes Glied zehen Goldstück schwer,
    Und will dein ferner gedenken.

Wohl zögernd nahm der Müller das Gold,
    Und ging zur Müllerin wieder,
Sie zählten betroffen den reichen Sold,
    Und zählten der Kette Glieder.

Die Nacht.

Und über den Hof ging Bertha zurück,
Da schienen die himmlischen Sterne:
Sie wandte gen Himmel den feuchten Blick,
Es dacht' ihr Herz in die Ferne.

Ihr Sterne brachtet mir her den Mann,
Nun bringt auch die rechte Stunde,
Da ich alles vertrauend ihm sagen kann,
Daß er trage zum Vater die Kunde.

Der klare Mond in das Fenster schien,
Und Bertha trat in das Zimmer:
Vom Sitz erhob sich König Pipin,
Sie standen in Mondesschimmer.

Wie stand sie so hehr, die reine Magd,
Eine Königin ohne die Krone;
Da hat dem König sein Herz gesagt,
Daß er ihrer schone.

Er hätte nimmer gehabt den Muth,
Ihren Finger nur anzurühren:
Da kam sie selber so mild und gut,
Ihn an das Fenster zu führen.

Sie wollte reden, und konnt' es nicht,
Es faßte sie mächtiges Sehnen;
Sie ward so wank, sie mußt' ihr Gesicht
An seine Schulter lehnen.

Sie stützt auf seine Achsel den Arm,
Sein Arm kam sanft ihr entgegen,
Da fühlt' er am Herzen voll und warm
Ihr Herz in hohen Schlägen.

Er küßte sie heiß, er küßte sie traut,
So viel das Herz begehrte;
So küßt ein Bräutigam seine Braut,
Die ersehnte, die lang' entbehrte!

Ihm wuchs die Brust so hoch und so kühn
Von ihres Kusses Blüthe,
Er fühlte sein Herz so sanft erglühn
Von ihres Herzens Güte.

Sie war von Wonne so reich und schwach,
Vom Strom der Liebe bezwungen,
Sein war sie im mondeshellen Gemach,
Von seinen Armen umschlungen.

An seinem Busen war Trost und Ruh
Für alle Leiden und Schmerzen —
Schleuß, seliger Schlaf, die Augen zu!
Träumet, ihr liebenden Herzen!

Und draußen im Thale war Nacht und Ruh,
Und Stille war in den Lüften,
Die Sterne winkten einander zu,
Und stieg aus dem Garten ein Düften.

Es füllte sich stille der Mühlenteich,
Das Mondlicht schlief auf den Wellen;
Eine Nachtigall sang im dunkeln Gesträuch
Mit schmelzender Töne Schwellen.

Da kamen die Elfen aus hohem Rohr,
Aus der feuchten Wiesen Qualme;
Sie kamen geheim in schwebendem Chor,
Leicht huschend über die Halme.

Sie küßten die Augen der Veilchen zu,
Und die duftenden Kelche der Winde,
Und spendeten aus balsamische Ruh —
Und schlossen am Fenster die Linde.

Sie schlüpften im Garten von Baum zu Baum,
Befruchtend die reinen Blüthen:
Wenn alles Leben sich taucht in Traum,
Dann walten die Elfen, und hüten.

Der Abschied.

Nun öffnete sich des Tages Thor
Und begann der Himmel zu falben,
Und stieg der purpurne Morgen empor,
Und sangen am Fenster die Schwalben.

Es drang der Schein durch den Lindenbaum,
Da erhob sich der König mit Wonne,
Und küßte Bertha aus süßestem Traum,
Die Wange voll Glück und Sonne.

Sie strich das Auge, die Stirn mit der Hand,
Sich des goldenen Traums zu erwehren,
Doch wie sie erwacht und alles erkannt,
Da entstürzt' ihr ein Strom von Zähren.

O wohin hast du, mein krankes Herz,
Mich Unglücksel'ge gerissen! —
Dann sah sie ihn an mit Lieb' und Schmerz;
Er schloß den Mund ihr mit Küssen.

Er sagte: Bertha! das sagt' er so traut,
Wie er nie den Namen gesprochen;
Wohl sind ihr Thränen bei diesem Laut,
Heiße Thränen ausgebrochen.

Du süße Seele, du süßes Kind,
Sprich, wie du nur hergekommen?
Und sage mir, wer deine Eltern sind —
Ach, als sie dies Wort vernommen,

Das liebste Wort aus dem liebsten Mund,
Jetzt schnitt es ihr scharf durch die Seele,
Sie konnt' es nicht hören in dieser Stund',
Sie war sich bewußt der Fehle.

Sie sprach: Als du kamst, da hofft' ich durch dich
Den Eltern Kunde zu senden —
Und jetzt — o könnt' ich bergen mich,
Daß sie nie meine Schand' erfänden!

Die lieben Eltern! O komme nie
Ihr Name zu deinen Ohren!
Ihr Kind ist gefallen! Dann schluchzte sie:
Ich habe die Eltern verloren!

Er bat sie leise; sie rief: Nie, nie!
Ich hab' ihre Ehre beflecket!
Aus Liebe zu dir! — O laß mich hie
Meinen Schmerzen! unentdecket!

Sie fiel um den Hals ihm inniglich;
Er sprach: Ich muß nun scheiden!
Er nahm sein Schwert und gürtete sich;
Sie sprach: Und ich muß leiden!

Der Müller zog auf der Treppe den Hut,
Doch der König begann zu sprechen:
Nun, Müller, halte mein Mädchen mir gut,
Und laß es an nichts ihr gebrechen.

Da kam auch der Köhler mit finsterm Gesicht:
Herr, du hast meiner vergessen!
Der König sprach: Ich vergaß dein nicht,
Doch vergab ich mein Gold unterdessen!

Ein Hifthorn trug er von Silber werth,
Das nahm er, und gab es dem Knaben;
Er sprach: Mir bleibet ja noch mein Schwert,
Was recht ist, sollst du haben.

Dann schwang er sich auf nach stolzer Art,
Und gab dem Rosse die Sporen;
Der Köhler wünscht' ihm glückliche Fahrt,
Bald hatt' ihn sein Auge verloren.

Die Beichte.

Was ritt der König so hochgemuth
Durch die Büsche, die thaubeträuften,
Die Wangen glühten von froher Glut,
Die die kühlen Zweig' ihm streiften.

Er war von Liebe so voll und reich
An jenem frischen Morgen;
Er dachte nicht an sein Königreich,
Noch an des Reiches Sorgen.

Er dachte nur, wie er wieder wollt'
In die freundliche Mühle kehren,
Und wie er wollte sein Liebchen hold
Umfangen nach herbem Entbehren.

Er sagte: Bertha, Bertha, für sich,
Du Name von süßem Klange!
Gefunden, gefunden hab' ich dich,
Die ich ersehnet so lange!

Verheißen ja war eine Bertha mir —
Hier hielt er plötzlich inne,
Wie ein Blitzstrahl traf ein Gedank' ihn hier,
Der nahm ihm Athem und Sinne.

Er dacht' an Bertha, sein Ehgemal,
Und an die gelobte Treue;
Ach da empfand er im schwarzen Thal
Statt Lieb' im Herzen nur Reue.

Er sprach: Und liebt sie mich, oder nicht,
Ich habe das Wort ihr gegeben,
Und ein Mann soll halten an seiner Pflicht,
Und ging' es ihm an das Leben.

So war er geritten den Berg hinan,
Da ließen Worte sich hören,
Die betet' ein frommer Klausnersmann,
Der ließ sich im Beten nicht stören.

Der König stieg von dem Roß und stand
Andächtig neben der Klause,
Er schirmte sein Antlitz mit der Hand,
Und wartet' auf eine Pause.

Nun hielt der Klausner im Beten an,
Da hat der König gesprochen:
Ich komme zu beichten, frommer Mann;
Ich habe die Ehe gebrochen!

Das lastet mir auf dem Herzen schwer,
Mir folgt die Qual auf dem Fuße;
Nun sage mir Trost nach Christi Lehr',
Und lege mir auf eine Buße.

Da sagte der Klausner: Du beichtest mir,
Du habest die Ehe gebrochen,
So mußt du zähmen der Sünde Begier,
Und fasten zehen Wochen.

Da sagte der König: Frommer Mann,
Ihr wollt nur die Mannheit dämpfen;
Es ginge mir wohl viel leichter an
Mit den Heiden und Riesen zu kämpfen!

Drum sprich, wenn ich kämpfe die Heiden zu Grund,
Kann mir der Himmel vergeben?
Das will ich geloben zu dieser Stund',
Nie schonet ein Held sein Leben!

Das rechnet der Himmel zu Gnaden wohl,
So sagte der Klausner zum König —
Der Klausner, das war der Graf Riol;
Doch sah er den Beichtenden wenig.

Da sagte Pipin: Leb wohl! und schwang
Zu Roß sich mit freiem Behagen,
Noch einmal aber vom Roß er sprang,
Dem Klausner ein Wörtlein zu sagen.

Er sprach: Ach, Klausner, und willst du mir
Einen christlichen Dienst gewähren:
Des Müllers Mädchen, nicht fern von hier,
Könnt' ein Kindlein gebären;

Und der der Vater des Kindes ist,
Gedenket nicht zu entweichen,
Drum wollest du gehen zur rechten Frist,
Und dem Müller melden ein Zeichen.

Er soll wohl nehmen Bogen und Pfeil,
Wenn sie genest eines Knaben,
Und eine Spindel am andern Theil,
Wird sie ein Mägdlein haben.

Und mit solchem Zeichen soll er ziehn,
Und soll gen Aachen gehen,
Und an der Tafel des Königs Pipin
Sich den rechten Ritter erspähen.

Beim Namen Pipin, da bog sich Riol,
Den Ritter näher zu schauen,
Der König aber wandte sich wohl,
Er sprach: So darf ich drauf bauen?

Ja, sagte der Klausner, das thu' ich schon!
Der König stieg in den Bügel,
Dem Klausner wünscht' er des Himmels Lohn,
Und gab dem Rosse die Zügel.

Und wie er fort war, kannt' alsbald
Der Klausner den König der Franken:
Mein Gott, wie kommt er in diesen Wald!
Wie kam mir's nicht gleich in Gedanken?

Ja, das war seine Stimme fürwahr,
So tief aus der Brust ergossen,
Es war sein golden wallendes Haar,
Voll um die Schultern geflossen!

Wie ritt nun der König mit pochendem Blut
Hinunter des Berges Halde!
Da sah er wieder des Baches Flut
Im düsteren Föhrenwalde.

Wohl ritt er entlang denselben Pfad,
Den einst hier Bertha gegangen,
Wohl kam er auch an dieselbe Statt,
Wo geloset die bösen Schlangen,

Und wo sie gehandelt um ihren Tod,
Und sie verstoßen in Wildniß;
Er ahnte wohl nichts von solcher Noth,
Doch trug er im Herzen ihr Bildniß.

Da hört er lauten, gedehnten Klang
Von rufenden Hörnern dröhnen:
Nun ritt er schneller den Bach entlang,
Und näher scholl ihm das Tönen.

Bald fand er den Troß, der wartete sein
An der Heerstraß' auf der Brücke:
Entgegen klang ihm ein Jubelschrein:
Wir haben den König zurücke!

Der Pfalzgraf wurd' alsbald gewahr,
Daß dem König die Kette fehle:
O Herr, ich fürchte, daß Räuberschaar
Dich geschleppet in ihre Höhle!

Nein, sagte Pipin, das sorge du nicht,
Dafür ist das Schwert mir geblieben!
Er schwang es im leuchtenden Sonnenlicht:
Nun folget nach mir, ihr Lieben!

Und sammelt das Heer mit Schwert und Schaft,
Und geht, euch in Stahl zu kleiden!
Wir müssen niederkämpfen mit Kraft
Die grimmen Völker der Heiden.

Der Pfalzgraf sagte: Den Heeresbann?
Kein Fähnlein bring' ich zu Stande,
Denn hier gehorcht dir kein einziger Mann,
Wir sind ja im bairischen Lande!

Das wäre! sagte der König Pipin.
Wohl! sagten die andern alle.
Nun, lasset nach Frankenland uns ziehn!
Sie zogen mit lustigem Schalle.

Der Kampf.

Und als er nun ritt im fränkischen Land,
Da kamen ihm Boten entgegen,
Den König zu suchen ausgesandt
Auf allen Straßen und Wegen.

Sie sprachen: die Dänen mit wildem Heer
Bedrängen das Reich im Norden,
Sie überschwemmen das Land, wie ein Meer,
Und sengen, rauben und morden!

Auf! rief der König mit frohem Mund,
Auf! laßt die Drommeten erschallen;
Die Dänen kommen zu rechter Stund'!
Wohlauf, ihr kühnen Vasallen!

Es sammelte sich der Heeresbann,
Sieben blitzende Heeresschilde,
Und Speer an Speer, wie der dichte Tann;
Staub wirbelt' im sonn'gen Gefilde!

Wie Meereswogen sich wälzen an's Land,
So zog mit seinen Geschwadern
Pipin, der gewaltige, kampfentbrannt,
Wohl pocht' ihm das Blut in den Adern!

Wie ein Wald des kommenden Sturmes harrt,
Der sich stürzt vom Himmel sausend:
So standen die Dänen dichtgeschaart,
Zweimal zehen tausend.

Wie ein Fels sich löset von Berges Höh',
Ein Fels mit bewaldetem Rücken,
Und nieder sich wirft in den stillen See:
Da reißt das Wasser in Stücken,

Da spritzen die Wasser geschleudert, das Land
Begrabend in schäumigem Schwalle,
Und des niegesehenen Grundes Sand
Wird bloß von des Felsen Falle.

So warf Pipin sich mit brausender Wucht
Auf der Dänen starrende Speere;
Da galt kein Halten, zerstoben in Flucht
Wichen sie seinem Heere.

Er selber sprengte dem Führer nach
Mit des muthigen Rosses Schnelle,
Im Sprung ereilt er den Dänen jach,
Wie der Löwe die Gazelle.

Er stieß doch nur seines Schwertes Knauf
Auf den Helm des Feindes nieder:
Es stürzte davon das Roß im Lauf,
Und streckte der Reiter die Glieder!

Der König sammelte nun sein Heer,
Und ließ die Hörner erschallen;
Die Feinde ließ er fliehen an's Meer:
Zehntausend waren gefallen.

Und als er Athem wieder gewann,
Und auch sein Zorn sich verkühlte,
Was meint ihr, daß der stolzeste Mann
In seinem Herzen wohl fühlte?

Es stieg herauf in des Königs Brust
Ein Bild voll rosiger Blüthe,
Aufathmend trank er selige Lust,
Die Fülle liebender Güte.

Er sprach: Heut hab' ich es doch wohl frei,
Meine Bertha wieder zu grüßen,
Und, Bruder Klausner, ich mein', es sei
Vollbracht, was ich sollte büßen!

Das rief er, und schüttelte froh gelaunt
Dem nächsten Ritter die Hände;
Der hört' es, und sann wohl nach erstaunt,
Wie er die Worte verstände.

Nun glomm am Himmel das Abendroth,
Und senkte der Staub sich nieder,
Und senkten sich beide, der Schlaf und der Tod,
Auf vieler Müden Glieder.

Es troff der Thau in lindem Erguß
Auf die zerstampften Felder,
Blut rieselte nieder, in's Gras, in den Fluß,
Und rauschten schaurig die Wälder!

Traumlos schlief alles dort auf dem Feld,
Vom Schlaf und Tode bezwungen;
Nur den König hat hoch über die Welt
Ein seliger Traum geschwungen.

Bangigkeit.

Und sieh, es hatte der König wahr
Zum frommen Klausner gesprochen.
Der nahm wohl sorglich der Mühle wahr,
Und zählte die Mond' und Wochen.

Doch als er in der Mühle geschaut
Die Königstochter, die hehre,
König Pipins rechtmäßige Braut,
Da gab er Gott die Ehre.

Da sprach er: Herr Gott, wie wunderbar
Sind deiner Fügungen Wege,
Daß, die verstoßen zum Tode war,
Hier Obdach fand und Pflege.

Herr Gott, wie bist du so wundervoll
In deines Rathes Beschlüssen,
Daß doch sie dem König gehören soll,
Die die Falschheit ihm entrissen.

Und du, wenn du wüßtest, König Pipin,
Wen dir die Mühle bewahret,
Da wäre die Schuld dir leicht verziehn,
Und die Buße dir gesparet.

Die Königstochter, die Königsbraut,
Wie ging sie aber so stille;
Ihr war die klappernde Mühle zu laut
In des Glücks und des Leides Fülle.

Man fand sie sitzen den langen Tag
In der traulichen Waldkapelle,
Wo sie des brünstigen Betens pflag:
Das war ihr die liebste Stelle.

Und kam zu ihr des Müllers Kind,
Dann sprach sie wohl unter Thränen:
Verlaß mich nicht! — und küßte sie lind,
Und mochte das Haupt an sie lehnen.

Frag' nicht, warum ich so einsam weil',
Und was ich im Herzen leide;
Ein Glück und ein Leid, ein Schmerz und ein Heil,
Beseligt und tödtet mich beide.

Es erliegt, o Schwester, mein armes Herz,
Doch kann ich nur beten und tragen,
Dem süßesten Glück der herbeste Schmerz
Gemischet! — wolle nicht fragen.

Sie betete: Reine Gottesmagd,
Dir kann mein Herz sich bekennen,
Hilf du, wenn der schreckliche Tag mir tagt!
Du siehest mein Herz dir entbrennen!

Und gleich, wie der Muttergottes Bild,
Ward hold ihr Auge verkläret,
Ihr Antlitz selig und muttermild,
Von himmlischem Glanz gehehret.

Die Geburt.

Nun kam zur Mühle der Klausnersmann,
Wohl hatt' er gezählet die Wochen,
Und klopft' an die Mühl' in der Früh schon an,
Und hat zum Müller gesprochen:

Herr Müller, wisset, daß eure Magd
Ein Kindelein wird gebären,
Das hat mir der fremde Ritter gesagt,
Nun sollst du Ohr mir gewähren.

Da hat der Müller der Rede gelacht:
Ihr lasset euch unwahr finden:
Sie hat es geboren, in dieser Nacht!
Das könnt ihr dem Ritter verkünden.

Nicht ich, das sollet ihr selber thun,
So hat mir der Ritter geheißen,
Doch mußt du dich rüsten zur Reise nun,
Und dich der Eile befleißen.

Denn wandern mußt du gen Frankenland,
Wo der König Pipinus wohnet,
Wo an der prächtigen Tafel Rand
Er unter den Edelen thronet.

Und wenn du den Ritter, du kennst ihn, erkannt,
Da sollst du vor ihm dich neigen,
Und führen sollst du in deiner Hand
Ein Zeichen, und das ihm zeigen.

So sprach er: Ist es ein Mägdelein,
Soll Spindel und Rocken er führen,
Wenn aber es wird ein Knabe sein,
Mit Bogen und Pfeil mich rühren.

So werd' ich nehmen Bogen und Pfeil!
Rief der Müller mit Freuden:
Dem Ritter König Pipins sei Heil!
Es wird sein König ihn neiden.

Den schönsten Knaben, den sah die Welt,
Hat die Magd, die gute, geboren,
Die glücklich in ihren Armen ihn hält:
Drum werde der Bogen erkoren!

Die Meldung.

Es saß der König Pipin beim Mahl,
Die Königin ihm zur Seite,
Und in der Runde der Ritter Zahl,
Der tapfern in Schlacht und Streite.

Und stand weit offen das Flügelthor
Des Frühlings lieblichem Hauche,
Und im Vorsaal spielte der Harfner Chor
Zu der Tafel freundlichem Brauche.

Und stand ein Aurhahn dampfend und braun
Inmitten der Tafel zur Stunde,
Ein mächtiger Braten, herrlich zu schaun,
Und Pokale machten die Runde.

Auf einmal tönet ein Stoß in's Horn,
Kunstlos, mit wüstem Getose,
Und springt, die Tafel entlang, nach vorn
Ein Pfeil, geschleudert nur lose.

Und der Pfeil, dicht vor dem König Pipin,
Durchspießt den dampfenden Braten:
Auf sprangen die Ritter, die Frauen schrien;
Wer hätte das Zeichen errathen!

Doch wohl erkannt' es der König sofort,
Und freudig beschied er die Gäste:
Laßt, Herren, den Zorn, und höret mein Wort:
Der bringt mir Kunde die beste!

Es ist mir geboren, ich leugn' es nicht,
Ein Sohn — Gott hat mir verziehen!
Bleich wurde der Königin Angesicht,
Doch den König sah man erglühen.

Von fern, auf der Schwelle, der Müller stand,
Daneben, ihm war nicht bange,
Des Köhlers Bub' mit dem Horn in der Hand,
Und mit klar gewaschener Wange.

Die Königin wohl verließ den Saal,
Doch Freude blieb in der Halle;
Gefüllet wurde zum Rand der Pokal
Bei der Harfen rauschendem Schalle.

Der König hob den Pokal empor:
Karl soll er heißen! Ein Ritter
Einst leucht' er unter den Rittern hervor,
In der Schlacht ein schlagend Gewitter!

Den Müller beschenkte der König reich,
Und hinab zum Hofe stieg er,
Und sandte beide zurück sogleich;
Denn daß er der König, verschwieg er.

Mutterglück.

Die Biene summt um der Blüthe Mund,
Es blühen die blauen Glocken,
Es blühen die Kirschen im Mühlengrund,
Weiß, wie von schneeigen Flocken!

O holder Frühling, o süßes Glück!
O liebliche Jugendblüthe!
O welche Lieb' in dem seligen Blick,
Welche Lieb' und welche Güte!

Die junge Mutter saß in dem Grün,
Im Arme den holden Knaben,
Sie dachte, sie schaute nur immer hin,
Sich an seinem Lächeln zu laben.

Vor Wonne bebt' ihr die volle Brust,
In süße Träume verloren;
Der Himmel gießt herab seine Lust,
Und die Beste hat er erkoren!

Da scholl durch das Thal des Köhlers Horn,
Und des Müllers freudiges Rufen;
Die kamen durch blühenden Schlehendorn
Hernieder die Felsenstufen.

Sie riefen: Da sind wir! Wir kommen daher
Von des Königes Hofe, des mächt'gen,
Und alles ist richtig, und noch viel mehr,
Wir waren im Saale, dem prächt'gen!

Und den Ritter haben wir selber geschaut,
An des Königes Tafel saß er,
Wir haben's gemeldet von seiner Braut —
Mit dem Könige trank und aß er!

Da schlug wohl Bertha das Aug' empor,
Und hört' es mit süßem Entzücken;
Und das Knäbchen auch lauschte mit klugem Ohr,
Und mit seinen freundlichen Blicken.

Die Stieg' herab mit fröhlichem Schrei
Hat des Müllers Maid sich geschwungen,
Vom Spinnrad kam auch die Alte herbei
Mit polterndem Schuh gesprungen.

Da gab's ein Erzählen und Melden genau,
Ein Wundern, und Lachen, und Staunen,
Ein lautes Jubeln des Manns und der Frau
Und der Burschen ein Flüstern und Raunen.

Doch Bertha drückt' an das Herz ihr Kind,
Und sprach mit Thränen der Freude:
Einen Vater hast du, mein süßes Kind,
Und ich einen Trost im Leide!

Und wie das Kind in der Wiege schlief,
Und alles schlief in der Mühle,
Da drängten sich ihr im Busen tief
Des schlagenden Herzens Gefühle,

Daß sie auf die Kniee niedersank:
O Heil'ge! Gebenedeite,
Nimm meiner Thränen strömenden Dank,
Mein zitterndes Stammeln heute!

Du hast mich gerettet in Angst und Qual,
 Und hast einen Stral mir gegeben
Aus deiner Seligkeit himmlischem Saal,
 Der mir erhellet das Leben!

Einem König als Ehegemal vertraut —
 Du wolltest mich prüfen im Leide —
Und ward, o Gott, eines Ritters — Braut,
 Denn nicht verstößt er uns beide!

Ich bin zufrieden, mein Herz ist still,
 Nur um Eines noch ist mein Flehen,
Daß ich die Eltern, so Gott es will,
 Dürfe noch einmal sehen!

Erziehung.

Der Knabe wuchs an der Mutter Brust
Und Karl, so hieß er mit Namen,
Der Mutter war er und allen zur Lust
Im Haus, und die dahin kamen.

Wie glücklich war doch die schöne Frau:
Sein Haar war blond wie von Golde,
Und wie der Himmel sein Auge blau,
Und lächelte lieblich der holde.

Der Knabe wuchs in dem Mühlengrund,
Und gedieh an Leib und an Seele,
Die Mutter bewahrt' ihn allestund
An Leib und Herz ohne Fehle.

Sie saß am Rocken und spann den Lein;
Er sprang hinaus in den Garten:
Du, schau mir nicht in den Mühlbach 'nein!
Kannst lieber der Tauben warten!

Sie saß am Rocken und spann den Lein;
Er kam, sie küßt' ihn — und wieder
Enteilt er — Du, tritt nicht ins Beet hinein,
Und tritt mir die Veilchen nicht nieder!

Sie saß am Rocken, er kam und gab
Den Kuß — sie hielt ihn umschlungen:
Du, brich mir im Beet die Tulpe nicht ab! —
Und schnell war er wieder entsprungen.

Er kam und rief: Sieh, Mutter, ich fand
Auf der Tulpe den Falter; ein bunter,
Ein schöner ist es! — und ließ von der Hand
Ihn fliegen, und lachte so munter.

Und Lieder sang ihm die Mutter vor,
Die alten Lieder erwachten,
Daß des Knaben Geist sich ins Weite verlor,
Von Königen sang sie und Schlachten.

Und der weiße Hirsch nach ihrem Gesang
Trat lauschend über die Brücke,
Und siehe, das Knäbchen behend sich schwang
Auf des flüchtigen Hirsches Rücken.

Der Köhler macht' ihm von Holz ein Schwert,
Und gab ihm das Horn an die Seite,
Da fühlte der kleine Karl sich bewehrt,
Und wollte reiten zum Streite.

Doch lernt' er auch Sprüch' und Lehren fürwahr,
Die sprach er mit frommer Geberde,
Und lernte lesen und schreiben sogar,
Und malte Ritter und Pferde.

Und ging Frau Bertha zur Meß' über Land,
Da führte sie ihren Knaben,
Das Meßbuch trug er in kleiner Hand,
Denn selber wollt' er es haben.

Der Knabe wuchs und gedieh gemach,
Und schüttelte blonde Locken;
Verständig war sein Wort, wenn er sprach,
Und blickte so unerschrocken.

Er kletterte an des Mühlbachs Rand
Bis hoch in die Spitze der Erlen,
Und thürmte sich Burgen und Wälle von Sand,
Und schwamm im Bach mit den Schmerlen.

Nun fand er versteckt ein rostiges Schwert
In bestäubeten Spinneweben,
Da wünscht' er sich nur ein rüstiges Pferd,
Muth drang in's Herz ihm und Leben.

Und heimlich schlich er hinaus in den Tann,
Und stieg hinauf auf die Berge,
Er rief, doch Antwort gab ihm kein Mann,
Und keiner der Riesen und Zwerge.

Und wie er verdrossen nach Hause kam,
Da standen unten im Grunde
Die hohen garstigen Nesseln — er nahm
Sein Schwert — und sie lagen zur Stunde.

Die Trennung.

An einem Abende, da sie saß
Und kosete mit dem Kinde,
Daß sie der Welt da draußen vergaß,
Im lieblichen Schatten der Linde:

Horch, horch, da trotten Roff' in das Thal,
Der Mühle nahen die Ritter,
Schau, schau, es sind ihrer drei an Zahl,
Schon sind sie hindurch am Gitter.

Sie sprengen so herrisch zum Hof herein,
Und machen Halt an der Schwelle,
Sie glänzen in Purpur und Goldesschein
Und steigen vom Roß zur Stelle.

Ihr Auge suchet; doch wie sie erkannt
Frau Bertha mit ihrem Sohne,
Da neigen sie tief sich, bittend die Hand
Ihr zu küssen zum Botenlohne.

Der kleine Karl, hoch war er erfreut
Der Ross' und der rüstigen Männer,
Er besah sich das Zeug, die Waffen, das Kleid,
Und mustert' es, gleich wie ein Kenner.

Zum Rosse sprang er mit munterm Lauf,
Er faßte des Sattels Bügel;
Da schwang ein Ritter ihn hoch hinauf,
Er aber ergriff den Zügel!

Frau Bertha auch war im Herzen erfreut,
Und tauschte freundliche Worte;
Es war ihr, als öffnete sich ihr weit
Des Lebens freundliche Pforte.

Der älteste von den Rittern begann:
Vernimm nun, was wir dir melden,
Uns sendet zu dir ein Rittersmann,
Der herrlichste unter den Helden.

Da schlug ihr höher vor Freuden das Herz,
Ihr lachte das Auge so heiter;
Doch ward verkehret die Freud' in Schmerz,
Denn also redet' er weiter:

Dein Ritter entbietet dir Gruß und Glück,
Und sendet dir köstliche Gaben,
Doch fordert er jetzt von dir zurück,
Den du ihm geboren, den Knaben!

Er weilet am Hof bei König Pipin,
Da will er ihn haben und halten,
Und in ritterlich edelen Werken erziehn
Die Jugend nach Weise der Alten.

Dem Knaben sprang im Herzen das Blut,
Der Mutter kost' er, sie bat er:
Was trauerst du, Mutter, es ist ja gut,
Dort bin ich gern bei dem Vater!

Du bei dem Vater! ach, du gehst gern,
Doch ich darf nicht dich geleiten,
Und bleibe mit meinen Schmerzen fern,
Mit meiner Liebe von weiten!

O Kind, mein Kind, das ich lassen muß,
Weh mir der traurigen Stunde!
Und Thränen stürzten in heißem Erguß
Aus des Herzens tiefester Wunde.

Die Männer sahen sie ruhig an,
Und ehrten den Schmerz durch Schweigen,
Bis endlich wieder der Eine begann
Mit ehrerbietigem Neigen:

Wohl fühlend, daß dir es ein Herzeleid sei,
Den lieben Sohn zu entbehren,
So sendet der Herr dir sein Conterfei,
Dir seine Huld zu bewähren!

Eine silberne Kapsel reicht' er dar,
Sie nahm sie, und küßte die Hülle.
Sie öffnete: siehe, lebendig und wahr,
In des wallenden Haares Fülle,

Er war's mit des herrschenden Auges Glanz,
Mit des Mundes freundlicher Milde,
Wie er leibet und lebt, er war es ganz!
Ihm glich es, und er dem Bilde!

Es hatt' ein Meister mit liebender Kunst
Jedwedes sinnig vollendet:
Wohl war sie froh um des Ritters Gunst,
Der ihr so Liebes gespendet.

Das träufelte Balsam in ihren Schmerz,
In ihr unsägliches Leiden:
Was hat sie gepresset den Knaben an's Herz,
Als, ach, sie nun mußten scheiden!

Bertha's Klage.

Sie ging wohl einsam den Bach entlang,
Das Auge voll glänzender Thränen;
Das war der Betrübten liebster Gang,
Es zog sie unendliches Sehnen.

Da lag so dunkel das tiefe Thal,
Und standen so schwarz die Tannen,
Und drückten nieder die Wolken zumal:
Und ihre Thränen rannen.

Die Welt ist öde, verwaist das Herz!
Sie haben ihn mir genommen!
O aller Schmerzen heißester Schmerz!
Wann, wann wird er wieder kommen!

Und bis er kommet, ich trag' es nicht,
Ich sterbe vor bangem Sehnen,
Mein Auge dunkelt, das Herz mir bricht,
Es fließet die Seel' in Thränen!

O wer der Mutter ihr Kind geraubt,
Der kennt nicht der Mutter Schmerzen,
Wohl hat mein Herz an Liebe geglaubt:
Und sie rissen ihn mir vom Herzen!

Die Welt ist öde, das Herz verwaist,
Mein süßes Kind mir entrissen!
O, wer der Mutter ihr Kind entreißt,
Kann der von Liebe wohl wissen?

Es war so dunkel das tiefe Thal,
Und standen so schwarz die Tannen,
Und hingen nieder die Wolken zumal:
Und ihre Thränen rannen.

Und siehe, behend auf leichtem Zeh
Kam scherzend die Freundin gesprungen;
Sie ahnete wohl nicht Bertha's Weh,
Und hat sie plötzlich umschlungen.

Vaterfreude.

Nun tafelte wieder König Pipin
In seiner gastlichen Halle,
Und saßen die Ritter und Grafen um ihn
Bei der Harfen rauschendem Schalle;

Es floß mit sanftem Falle der Born
Der muntern, gefälligen Lieder:
Da scholl mit wildem Brausen ein Horn;
Das Gewölbe des Saals scholl wieder.

Das war der Köhler! Den andern voraus
Sprang er mit Jubeln zum Saale:
Da saß mit den Rittern beim fröhlichen Schmaus,
Der König, und beim Pokale.

Wohl kannt' er den Buben, und auch sein Horn,
Und wußte sogleich die Kunde;
Die Ritter dahinten, die Ritter davorn
Blickten sich an in der Runde.

Wo ist mein Knabe? — da sah man im Lauf
Den munteren Knaben springen,
Derweil gemach, die Stiegen hinauf,
Die alten Herren noch gingen.

Der König hub den Knaben empor,
Und küßt' ihn mit Vaterfreude —
Die Königin wandte sich davor,
Und verließ den Saal mit Leide.

Sie leuchteten recht einander an,
Der Knabe mit frischer Wange,
Und mit frischer Wange der stolze Mann:
Er hielt am Herzen ihn lange!

Hoch schwang er den Knaben mit blondem Haar,
Und stellt auf den Tisch ihn nieder:
Das ist der Karl! und ein Kerl fürwahr,
Da seht und schauet die Glieder!

Ihr trafet mich grade zu rechter Frist,
Denn mein ist heute kein Weilen,
Und nun, ihr Grafen und Ritter, wißt,
Wir reiten noch heut zehn Meilen!

Da war es im Hof und im hohen Haus
Ein Tummeln, Springen und Laufen
Der Knappen und Knechte wohl ein und aus,
Und der Ross' ein Wiehern und Schnaufen.

Da klirrten die Panzer, die Hauben blank,
Und rasselten Schwerter und Lanzen,
Die Ritter schauten noch eins so frank,
Und schritten so leicht wie zum Tanzen!

Pipin sprach aber zu seinem Gemal:
Nun halte mir gut den Knaben,
Der spielen soll mit der Brüder Zahl,
Und mit ihnen das Gleiche haben.

Am Thore sah er den Köhler stehn,
Als er wollte das Roß besteigen:
Nun Bube, willst in den Krieg mit gehn,
Und willst da wacker dich zeigen?

Ja, Herr, das will ich, das will ich gern!
  Wohlan, so mußt du dich sputen!
Der Köhler, mein' ich, soll schüren, ihr Herrn,
  Der Schlachten sprühende Gluten!

Die Sporen gab er dem stolzen Roß,
  Sie ritten in guten Dingen,
Mit mächtigem Heer und großem Troß,
  Der Wasken Volk zu bezwingen.

Einflüsterung.

Sich haschend im Sprung, sich haschend im Lauf,
Was spielten die munteren Knaben!
Zu des Schlosses höchsten Zinnen hinauf,
Und wieder hinab in den Graben!

Im Hof, auf der Stieg', in der Hall' und im Saal,
Und bis zum Keller hinunter,
Ja weit in der Runde durch Berg und Thal,
Was war es da laut und munter!

Der Karl und die Brüder trugen Kleid
Von Farbe gleich und von Schnitte;
Der Karl und die Brüder allezeit
Hatten lustige Sitte.

Die Knaben lehrten ihn schlagen den Ball
Im Hof mit frohem Getümmel,
Er schlug ihn über das Schloß und den Wall,
Hoch in den blauenden Himmel!

Er aber lehrte sie Krieg und Streit
Und mit hölzernem Schwerte fechten,
Und hütete sie vor allem Leid,
Und sah in Allem zum Rechten.

Er duldete nimmer ihren Zank,
Und schlichtete stets ihr Streiten:
Deß wußten ihm jene wenig Dank:
So war es zu allen Zeiten!

Ob des Knaben, des stolzen, Regiment
Wohl freueten sich die Einen;
Das nimmt mit nichten ein gutes End'!
Wollten die Anderen meinen.

Hinwieder in ihrem stillen Gemach
Gedachte die Fürstin der Franken
Mit Sorgen wohl manchen Dingen nach
In ihres Herzens Gedanken.

Da schlich ein Ritter in rothem Kleid
Mit leisen Schritten geschwinde —
Sein Antlitz war so gelb wie der Neid,
Und war so bleich wie die Sünde —

Der schlich auf all ihren Wegen nach
Der Fürstin, und sprach behende:
Du hegest den Bastard unter dem Dach,
O Königin, mach' es ein Ende!

Du hegest ein Guckuckskind in dem Nest,
Das dir verdränget die Deinen,
Das ihnen nicht Fried' und Freude läßt,
Und rauh begegnet den Kleinen!

Mit großem Schnabel wächst es geschwind,
Und überwächset die ächten
An Größ' und an Gier, das Guckuckskind,
Und in allem Argen und Schlechten!

So schlich er auf allen Wegen nach
Der Fürstin, und sprach behende:
Du hegest den Guckuck unter dem Dach,
O Königin, mach' es ein Ende!

Das Fuchsprellen.

Was ist's nur, was da draußen erschallt,
Was ist's, daß sich dränget die Menge?
Die Arbeit ruht und das Mahl wird kalt,
Und sind die Fenster zu enge!

Sie hoben die Kinder hoch empor,
Es wogte das Volk auf den Gassen,
Und alles schaut und rennt nach dem Thor:
Was beweget des Volkes Massen?

Drommetenklang erschallet vom Thor
Und Hufschlag tönt auf den Steinen,
Ein zieht in lautem, jubelndem Chor
Der König mit all den Seinen.

Er kommt aus tosendem Streit zurück,
Siegreich in prangenden Schaaren,
Es strahlet des Sieges lachendes Glück
Aus aller frohem Gebaren.

Sie ritten über den Hof zum Schloß,
Pagen sprangen hinunter,
Der König sprang behend von dem Roß
Und blickt' umher so munter.

Die Knaben hüpften ihm an die Brust,
Die er, der Reihe nach, küßte,
Sie herzend mit froher Vaterlust:
Doch Karl war's, den er vermißte.

Die Königin kam und neigte sich,
Sie schien betrübt und in Sorgen;
Der König fragte: Was kümmert dich?
Es bleibe mir nichts verborgen!

Ach, seufzete sie, es dränget und drückt
Der Karl die Königessöhne,
Es trauert jeder, der es erblickt;
Das ist ein ewig Gehöhne!

Und von den Knaben der eine sprach:
Er pflegt uns das Spiel zu stören;
Der andere rief: Er lässet nicht nach,
Und will auch nimmer uns hören!

Still da! so sprach der König Pipin,
Ihr sollt euch als Brüder vertragen,
Und nicht verklagen sollet ihr ihn,
Ich werd' ihn selber drum fragen!

Nun trage man aber zum Imbiß auf,
Mich dünket es Mahles Stunde,
Wir wollen rasten nach langem Lauf,
Und der Becher mache die Runde!

Sie saßen im hohen Königssaal
Mit inniglichem Behagen,
Und dampfende Schüsseln ohne Zahl
Wurden zur Tafel getragen.

Um den König saßen die Ritter traut
Beim reichgespendeten Mahle,
Und leises Lachen, und Lachen laut
Rauschte zum Klang der Pokale.

Doch plötzlich verstummte der Tafel Kreis,
Sie lauschten mit Aug' und Ohre:
Karl war es, glühend vor Freuden heiß,
Er sprang durch die Flügelthore.

Hoch hielt er in seiner Rechten empor
Einen zappelnden Fuchs am Kragen;
Wohl war verwundert der Ritter Chor,
Wie er konnt' ihn halten und tragen.

Zeig her, mein Sohn, was bringest du da?
Der setzt' auf die Tafel ihn nieder,
Und ließ ihn frei. Wie der König es sah,
Ihm bebten vor Freude die Glieder.

Und der Fuchs, die Tafel lief er entlang,
Hinauf bis oben zum Gipfel;
Der König aber vom Sessel sprang,
Und erfaßte des Tischtuchs Zipfel.

Und hieß den Rittern das Gleiche thun,
Das thaten die Ritter, die schnellen:
Da gab es mit Jubeln und Lachen nun,
Du armes Füchslein, ein Prellen!

Sie prellten den Fuchs wohl kreuz und quer
Zum Lohne der bösen Thaten,
Und Aepfel flogen zugleich umher,
Hier flog der Fuchs, dort ein Braten.

Sie schleuderten hoch zum Gewölb' ihn hinauf;
Doch auf einmal schlüpft' er behende
Vom Tuch hinunter in glattem Lauf,
Da war des Prellens ein Ende.

Der suchte, die Stiegen hinab, das Feld,
Durch die Harfner, die Kellner, die Wachen;
Die Ritter sahen sich an geprellt,
Mit unauslöschlichem Lachen.

Der König sprach: Nun thu mir Bescheid,
Wie hast du das Thier gebunden?
Der Knabe sprach, als wär' es ihm leid:
Ich hab' ihn draußen gefunden!

Da lachte der königliche Mann:
Gefunden? mein Sohn, gefunden?
Den Fuchs, den findet man nicht, sag' an,
Und wolle genau es bekunden.

Ja, Vater, ich fand ihn, und nahm ihn; mehr
Davon nicht weiß ich zu sagen,
Und um ihn zu zeigen, so bracht' ich ihn her,
Und hielt ihn fest an dem Kragen.

Da lachte der König, und sprach zugleich:
Du hast ihn gefaßt und gehalten;
Ich wollte, mein Sohn, du hieltest das Reich,
Und faßtest die glatten Gestalten!

Doch die Königin sagte zu König Pipin:
So treibet er Unfug immer,
Du aber bestärkest und förderst ihn:
Er bleibe mir aus dem Zimmer!

Er soll von den Königessöhnen fort,
Ich duld' ihn nicht in der Nähe;
So sende denn ihn an fernen Ort,
Fort muß er, ich will, daß er gehe! —

„Was ich will, dieses nur wird geschehn,
Und diesmal will ich das Gleiche;
Ich will, er soll in die Fremde gehn,
Und dienen in fremdem Reiche."

„Damit er als wackerer Ritter mir,
Als streitbarer Held mir kehre:
Er geht als ein braver Knabe von hier,
Und erwerbe draußen sich Ehre!“

„Bei deinem Vater Theoderich
Mag er das Schwert sich verdienen —“
Bei diesem Namen Blässe beschlich
Der Fürstin, der zitternden, Mienen.

„Der Ritter Köhler von Schlachtenbrand,
Der soll, mein Sohn, dich geleiten,
Und wenn du gegessen, auf, zuhand,
Gleich sollt von dannen ihr reiten!“

Die Fahrt.

Wie ritten so fröhlich die Straß' entlang
Die rüstigen Wandrer beide,
Der junge Karl, so schön und schlank
Und Köhler in blankem Geschmeide.

Sie sahen und grüßten manche Stadt
Am heitern Ufer des Rheines,
Und freueten sich, wie über den Pfad
Hingen die Ranken des Weines.

Nun lenkten sie ostwärts ab vom Rhein,
Und ließen die freundlichen Felder;
Wohl taglang ging es durch Wüstenein
Und durch die nachtenden Wälder.

Jetzt ward es offen; durch Windhalm nur
Zogen die kalten Lüfte,
Und rings von Menschen nicht eine Spur,
Und still, wie im Schooß der Grüfte.

Verworrene Steine thürmten sich auf,
Um ihre Reise zu hemmen,
Dann über einander hoch zuhauf
Ein Gefild von modernden Stämmen.

Der Gießbach führte zu einem See,
Da war's ein Wimmeln und Flattern,
Es flatterten zahllos in die Höh'
Die Wasservögel mit Schnattern.

Und wieder zogen sie über Flur,
Durch weit unwirthliche Flächen:
Der heisere Schrei der Wildgans nur
Wollte das Schweigen brechen.

Der junge Karl, ihm schlug und schwoll
Nur höher das Herz in der Wilde,
Sein Auge suchte so muthesvoll,
Nach Feinden im stillen Gefilde.

Von einem Berge schaut' er in's Land,
Rundum in die grünen Gebreite;
Gebirg' an dem fernsten Himmelsrand
Schlossen die duftige Weite.

Da rief er: Wie groß, wie groß ist die Welt,
Und was noch alles zu schaffen!
Wieviel noch Raum da für Stadt und Feld:
Wär's mein, ich wollte nicht schlafen!

Doch unten sahen sie in dem Thal
Jetzt wirthlichen Rauch sich erheben:
Was gilt's, sie kochen für uns das Mahl,
Da wird es Gesellschaft geben!

Sie traten in einen Hofraum ein,
Da saßen Männer und Frauen,
Die brieten an einem Spieß ein Schwein,
Das war schon bräunlich zu schauen.

Es blickten die Männer wild und wüst,
Doch eine Alte mit Neigen:
Herr König! sprach sie, seid uns gegrüßt,
Und wollet uns Huld erzeigen!

Da hoben die Andern sich auch vom Sitz,
Und entboten dem Knaben Ehre;
Sein Auge funkelnd wie heller Blitz,
Sagt' ihnen, daß er es wäre.

„Ich bin nicht König!“ — Nun, seid ihr's nicht
So sollt ihr sicher es werden —
Ihr seid doch ein Königssohn — das spricht
O Herr, aus allen Geberden.

Da rief der Köhler: So ist's fürwahr,
Wahr hast du gesaget, Alte —
Und schüttelte Karl sein langes Haar,
Das golden die Achsel umwallte.

Der Traum.

Er ruht', er schlief bis zur Dämmerung;
  Die Heidelerchen sangen,
Ein Traum mit wehendem Flügelschwung
  Umspielt' ihm das Herz und die Wangen.

Ihm träumt', er sprengte kühn und kühl
  Voran dem brausenden Heere,
Sie warfen sich wild in der Feinde Gewühl,
  In der Feinde starrende Speere.

Sie drängten, sie drückten sie nieder in's Thal
  Mit des Schwertes Wetterschlägen;
Da häuften sich Stein' und Stämme zumal
  Dem sprengenden Roß entgegen.

Er gab ihm die Sporen, es blieb am Ort,
Es mühte sich ab im Gerölle,
Er kämpfte mit Angst und konnte nicht fort,
Als wurzelt' er fest an der Stelle.

Tief athmet' er auf; da schwand das Bild,
Und Schlummer umfing ihn wieder,
Ein anderes Traumbild hold und mild
Senkte sich auf ihn nieder.

Er wandelt' in einem stillen Thal,
Da war es so grün, so kühle,
Und klappern hört er mit einemmal
Die alte trauliche Mühle.

Es weht' ihm wie Blüthenbalsam zu,
Wie lauterer Himmelssegen,
Ein Engelbild voll himmlischer Ruh,
Die Mutter, lacht' ihm entgegen!

Da rührte der Ritter Köhler ihn an:
Wach auf! schon tagt es im Walde!
Steh auf! daß wir aus dem wilden Tann
Kommen nach Oestreich balde!

Wo sind wir? — „Weit von der Straße fort,
Weit abgekommen vom Wege;
Wir müssen wieder zurück gen Nord
Durch die Wildniß ohne Stege!“

Wo mag denn liegen das Baierland?
Das möcht' ich vor allem grüßen!
„Das Baierland, das ist mir bekannt:
Wir haben es unter den Füßen!“

Wohlan! beginnen wir einen Streich!
Ich dürfte die Mutter sehen,
Hat Vater erlaubt — das thu' ich sogleich;
Dann kann's nach Oesterreich gehen.

Darob war Ritter Köhler erfreut,
Er rief: Das soll mir behagen!
Und reiten wir tapfer, wir grüßen von heut
Die Mühl' in dreien Tagen.

Die Köhlerei.

Sie ritten im hohen Tannenwald;
Jetzt neigte der Weg sich steiler,
Da haben sie unten im Thal alsbald
Erkannt den qualmenden Meiler.

Des Köhlers Vater, sein Haar war weiß,
Doch schwarz und rußig die Wange,
Das Feuer besorgte geschäftig der Greis
Mit einer gewaltigen Stange.

Sie ritten heran, da sah sie der Mann,
Und staunte der schmucken Genossen,
Sie waren beide so wohlgethan
Auf ihren wiehernden Rossen.

Der Alte trat mit vergnügtem Sinn
Den stolzen Gästen entgegen,
Und wandte zum Ritter Köhler sich hin,
Und entbot ihm Gottes Segen.

Und richtete solches Wort an ihn:
Hochbürtiger Herr, verzeihet,
Ihr kommet vielleicht von König Pipin —
Ich hab' einen Sohn — verzeihet —

„Verzeih dir's Gott — was aber denn mehr?"
'S war immer ein dummer Junge —
„Verzeih's ihm Gott!" — Ja, lieber Herr,
Es war eine wilde Runge!

„Wo ist er, Alter, wo habet ihr ihn?"
Ach, Herr, ihr sollt es mir sagen;
Mir ist er entlaufen, zu König Pipin,
Und betrübt mich in alten Tagen.

Hm, brummte der Ritter von Schlachtenbrand,
Doch jener versetzte weiter:
Ihr kennt ihn wohl nicht? — zur Seite gewandt,
Lächelte dieser heiter.

Nun ja, denn hat er es weit gebracht,
So wird er die Heizung verrichten!
Da hat laut auf der Ritter gelacht:
Nein, Vater, so ist's mit nichten!

Schaut mir doch nur einmal recht in's Gesicht —
Mein Hans! mein Junge! was seh' ich?
Ich weiß nicht, bist du's, bist du es nicht? —
Ich bin es, Vater, hier steh' ich!

Da umhals'ten die beiden und küßten sich,
Es war der Freude kein Ende,
Der Vater, der Sohn, recht brüderlich
Drückten sie sich die Hände;

Nun kamen die Buben alle herbei
Mit hellem Rufen und Schreien,
Es kam die gesammte Köhlerei,
Und gab es ein Grüßen und Freuen!

Dem Ritter wurde bei jedem Kuß
Die Wange schwärzer, die pralle,
Und je schwärzer er ward von Kohlenruß,
Je besser erkannten ihn alle.

Das Wiedersehn.

Sie stiegen zu Roß, und ritten im Wald
Bei des Morgens lieblichem Strale,
Von der Vögel munterem Ruf umschallt;
Sie ritten schweigsam im Thale.

Es schlugen die Herzen erwartungsvoll,
Mit unruhvollem Erbangen,
Das Herz des Jünglinges schlug und schwoll,
Der Mutter Hals zu umfangen.

Da sprach der Köhler: O denk' ich hier
Zurück des Tags und der Stunde,
Da ich geführet durchs Bergrevier
Einen Ritter zum Mühlengrunde.

Ein schwarzer Köhlerbube war ich,
Und hüpfte neben dem Rosse,
Der Herr so herrlich, so ritterlich —
Der wohnt zu Aachen im Schlosse!

Und heute, da führ' ich seinen Sohn
Desselbigen Weges eben;
Ich aber reite, das ist mein Lohn,
Auf hohem Rosse daneben!

Schon sahn sie blinken im Waldrevier
An stiller traulicher Stelle
Durchs Laub herleuchtend in heller Zier
Die wohlbekannte Kapelle.

Karl stieg vom Roff', und trat hinein
Ein stilles Gebet zu sagen,
Er kniecte nieder auf den Stein:
Ein Buch lag aufgeschlagen.

Und als er gebetet, stand er auf:
Da flog, durch die Büsche geschwungen,
Der weiße Hirsch; doch in flüchtigem Lauf
Schnell war er von dannen gesprungen.

Er wies den Reitern hinunter den Weg
  Zum kühlen sprudelnden Bache,
Dort sprang er über den schwanken Steg,
  Mit lautem Gepolter und Krache.

Im Hofe flatterten rauschend auf
  Die erbsenpickenden Tauben,
Wie er hinstob mitten durch ihren Hauf
  Zur Gebieterin unter den Lauben.

Sie rief: Ein Unglück, oder ein Glück!
  Zwei Ritter! Sie sind es beide!
Sie rief: Mein Karl! mit Thränen im Blick,
  Das waren Thränen der Freude!

Und eh' sie sich faßt', an ihrer Brust,
  Den Hals umfangend, der gute!
Sie küßt' ihn mit Thränen der Mutterlust,
  Und mit hochpochendem Blute.

So groß, so stattlich! zu ihm hinan
  Fast mußte die Mutter schauen!
Er blickte doch fast wie ein Rittersmann
  Aus den Augen, den frommen, blauen!

Und wie er die Mutter genug geküßt,
Und sich umsah in der Runde,
Da hat er des Müllers Tochter gegrüßt,
Und flog auch ihr zu dem Munde.

Es kam die Alte, doch blieb sie fern,
Der Müller hob sich vom Sitze,
Entblößte sein Haupt vor dem jungen Herrn,
Und drehte verlegen die Mütze.

Da kam auch der Hund und hoch an die Brust
Mit ungewaschener Pfote
Auf sprang er zu Karl in jubelnder Lust,
Und leckt' ihm die Wange, die rothe.

Doch der Ritter Köhler entbot die Hand
Der Müllerstochter mit Scherzen;
Da ward sie röther; doch unerkannt
Lächelte jener im Herzen.

Die Abfahrt.

Und früh bei des Morgensternes Schein
Sprang Karl schon auf von dem Pfühle,
Besuchen wollt' er umher allein
Die Plätze der Kindesspiele.

Er ging in den Stall, stieg unter dem Dach
Zum Schlage der flatternden Tauben,
Er trat in den Garten, besuchte den Bach,
Den Teich, die Bäume, die Lauben.

Er trat auf die Wies' am Garten hinaus,
Wohl messend die Breit' und Länge —
Noch Alles das alte — doch Hof und Haus,
Wie klein erschien es und enge!

Nun ging er und rief: Wach auf, Gesell,
Wir müssen von dannen reiten,
Steh auf, steh auf, und rüste dich schnell,
Wir müssen von dannen bei Zeiten.

Frau Bertha indeß, ihr Glück, ihr Herz
Ließ nimmer Ruhe sie finden;
Vergessen war all des Lebens Schmerz,
Und die Wonne nicht zu ergründen.

Mit Liebe nahm sie aus ihrem Schrein
Das geliebte Bildniß, und lange
Betrachtete sie's — dann schloß sie es ein;
Hoch schlug das Herz ihr und bange.

Sie erschloß, was lange verschlossen lag,
Ihr königliches Geschmeide;
Sie nahm, sich zu schmücken für diesen Tag,
Eine Nadel in ihrer Freude.

Sie sann, wie den Sohn sie schmücken wollt'
In all den kommenden Tagen,
Sie sann, ob sie Alles ihm sagen sollt',
Und was sie ihn wollte fragen.

Er ist gereiset — noch weck' ich ihn nicht,
Noch schlummern die Augen, die blauen,
Die Locken fallen ihm über's Gesicht:
O könnt' ich nur schlafend ihn schauen!

Was ist! Getrapp von Rossen! Sie sprang
An's Fenster, und, ach, erkannte,
Da ward das Herz ihr wieder so bang,
Daß er zur Reise sich wandte.

Sie lief, mit Thränen im Angesicht:
Du willst schon wieder in's Weite!
O liebe Mutter, du sorge nicht,
Daß ich ohne Abschied reite.

Er küßt' ihr die Hand, er küßt' ihr den Mund,
Sie netzte die Wang' ihm mit Thränen,
Wann seh' ich dich wieder? zu welcher Stund'?
Dir folgt meine Liebe, mein Sehnen.

Ich kehre wieder, Mutter, zu dir,
Ich kehre wieder, ich kehre!
Jetzt muß ich fort, nicht Bleibens ist hier,
Ich muß erwerben die Wehre.

Sie strich ihm die Locken; da nahm sie wahr,
Die Oese fehl' an dem Kleide,
Da nahm sie die Nadel aus ihrem Haar,
Daß er im Winde nicht leide!

Er schwang sich auf's Roß. O wohin denn? sprich!
Rief sie, in Schmerzen verloren.
Er sprach: Zu König Theoderich!
Und gab dem Rosse die Sporen.

Sie wollt' ihm rufen, mit Einem Wort
Ihm Alles zu offenbaren;
Er aber sprengte des Weges fort
Mit seinen wehenden Haaren!

Das Geständniß.

Zu König Theoderich? — O mein Herz,
Sei stark und halte zusammen:
Das ersehnteste Glück, der heißeste Schmerz
Schlägt auf in lodernden Flammen!

Sie ging wohl einsam entlang am Bach,
Vertieft in Sinnen und Träumen,
Da eilte die traute Freundin ihr nach:
Sie saßen unter den Bäumen.

Und Bertha sagte, feucht verklärt
Das schöne Auge, das blaue:
Zu König Theoderich — wenn er erfährt! —
Ob ich ihr Alles vertraue? —

Sie schwiegen lange — da nahm das Wort
Das heitere Mädchen beklommen:
Und hast du gesehn auch, wie er mir dort
Die Hand bot, als er gekommen?

Den Ritter mein' ich — o Gott, mir ist,
Als hätt' ich längst ihn gesehen,
Und nur nicht den Namen zu nennen wüßt' —
Ob das im Traum mir geschehen?

Da sagte Bertha: Das soll geschehn
Im Traum den liebenden Herzen —
Sprich, kommen sie wieder? werd' ich ihn sehn?
O sprich, und wolle nicht scherzen!

„Sie kommen wieder!" — Sie kommen zurück? —
Da barg ihr Herz nicht die Freude,
Das lachende Auge voll Lieb' und Glück,
Umarmten und küßten sich beide.

Der Klausner.

Die beiden aber nun ritten hin
    Durch Gebüsch und thauige Kräuter,
Sie ritten am Morgen mit heiterm Sinn,
    Die beiden rüstigen Reiter.

Und als sie kamen die Schlucht entlang,
    Da hörten sie unten im Grunde
Ein Singen, einen frommen Gesang,
    Aus eines Klausners Munde.

Der Klausner schöpfte sich Wasser am Fließ;
    Er ließ den Krug wohl sinken,
Als Karl ihn freundlich willkommen hieß,
    Und verlangt' einmal zu trinken.

Wo geht die Straße nach Oesterreich
Zu König Theoderich, sage!
Die große Straße treffet ihr gleich;
Dann reitet ihr zehen Tage.

Viel Dank, Herr Klausner, für Trunk und Bescheid,
Es gilt nicht Rast und Besinnen:
Zehn Tage! Da haben wir keine Zeit!
Lebt wohl! — Da war er von hinnen.

Und wie er war um des Berges Rand,
Da hatte der Klausner die Worte,
Die, ach, wie gern! er ihm nachgesandt;
Jetzt stand er einsam am Orte.

Zu König Theoderich! — Gottes Huld!
Und er kam von der Mühle geritten!
Den Schuldigen, Herr, vergieb die Schuld;
Es kommt die Vergeltung geschritten!

Die Ankunft.

Sie kamen wohl an der Hofburg Thor,
Und ritten über die Brücke;
Es standen gewappnete Wachen davor,
Die traten vor ihnen zurücke.

Und Karl nun schwang von dem Rosse sich,
Er schritt so stolz durch die Wachen:
Man melde mich König Theoderich;
Karl heiß' ich, und komme von Aachen!

Die Königin wollte zum Münster gehn
Zur Messe mit ihren Frauen,
Da sah sie den Karl in dem Saale stehn,
Und gleich beim ersten Erschauen,

Froh rief sie: Es ist der Bertha Sohn!
Ihn mit den Armen umfangend;
Da kam der König, und fand ihn schon
An der Königin Halse hangend.

Und vor dem König verneigt' er sich
Mit ehrerbietigen Mienen:
Ich komme, mein Vater sendet mich,
Um dir in Treuen zu dienen.

Und wenn ich gedient dir gut und treu,
Begehr' ich die Waffen zu tragen,
Und daß ich untadlich ein Ritter sei,
Sollst du mit dem Schwert mich schlagen.

Ein wackerer Ritter, lieber Sohn,
Das sagst du, wollest du werden:
Du bist ja ein wackerer Ritter schon,
Ich seh's an allen Geberden!

So bringet denn her ein gutes Schwert,
Er hat nur das seine vergessen;
Ein Ritter sei er, als Ritter bewehrt! —
Nun aber folgt mir zum Essen!

Trompeten erklangen, das Flügelthor
Sprang auf zum Saale, das weite;
Der König wohl schritt den Gästen vor,
Und Karl dann folgte, der zweite.

Das Mahl.

Sie saßen im hellen, sonnigen Saal,
Es sprangen die Schenken, die schlanken,
Doch es schauten die Ritter allzumal
Auf den Sohn des Königs der Franken.

Und daß er es sei, ward allen klar,
Das Auge, der Mund, die Wange,
Der Königstochter glich er so wahr,
Und das goldene Haar, das lange!

Die Königin auch, sie wurde nicht satt
Den holden Jüngling zu schauen:
Die schönen Aeugelein, die er hat,
Ganz sind es Bertha's, die blauen!

Der König ergriff den Goldpokal,
Und erhob sich vom Sessel; im Saale
Die Ritter sprangen vom Sitz zumal:
Er sprach mit gehobnem Pokale:

Hoch lebe der große König Pipin,
Mein Eidam, hoch soll er leben!
Und der junge Ritter soll stolz erblühn,
Und sein, wie sein Vater eben!

Dem Vater sei er an Tugend gleich,
Und seiner Mutter an Güte,
Auf daß er dereinst des Vaters Reich
Mit Macht beherrsch' und behüte!

Da erhob sich Karl mit wallendem Haar:
O König, ich kann's nicht leiden,
Man hat dich falsch beschieden fürwahr,
Ich muß dich anders bescheiden.

Wohl bin ich der Sohn des Königs Pipin,
Von einer Bertha geboren:
Doch nimmer werd' ich beerben ihn,
Sein Reich ist andern erkoren.

Die stolze Königin Bertha ist
Nicht meine Mutter, mit nichten!
Ein Bastard bin ich, daß ihr es wißt;
Die Wahrheit muß ich berichten!

Meine Mutter herrschet auf keinem Thron,
Sie wohnet in einer Mühle;
Die Krone gehört dem rechten Sohn,
Deß bin ich nur ein Gespiele!

Die Rede schlug, wie ein Donnerschlag,
Ein Verstummen war es und Staunen,
Und fiele Schnee an dem Sommertag,
Man könnte nicht mehr erstaunen.

Wohl blickten einander fragend an
Die Königin und der König,
Und klang im Saale von Mann zu Mann
Ein Raunen, hunderttönig.

Da sprach der König: Und wärst du schon,
Er sprach es mit tiefen Schmerzen,
Nicht unserer edeln Tochter Sohn,
Gleichwohl willkommen von Herzen!

Sprach Karl: Nicht weniger und nicht mehr
Will als ich bin, ich erscheinen;
Und hast du erwiesen mir zu viel Ehr',
Auf, nimm sie zurück für die Deinen!

Erwerben will ich die Ehre mir,
Die du zu schnell mir gewähret!
Nein, nein! es spricht ein Ritter aus dir,
So rief der König: Geleeret

Sei dieses Glas dir, wer du auch seist,
Ich trink's dir, Knabe, zu Ehren,
Du hast eines Ritters Sinn und Geist!
Das mochte der Karl wohl hören.

Wer immer auch deine Mutter sei,
Gewiß, sie hielt dich in Ehren,
Du sei nur wacker, und diene treu!
Das mochte der Karl wohl hören.

Inzwischen die königliche Frau
Betrachtete nur ihn immer
Von Kopf bis zu Füßen ganz genau,
Da flog ein freudiger Schimmer

Ihr übers Antlitz, denn sie nahm wahr
Die Nadel an seinem Kleide,
Da ward's ihr auf einmal sonnenklar,
Da rief sie in heller Freude:

Ich kenne die Nadel, diesen Rubin
In Perlen gefaßt: so wißt es!
Er ist der Sohn des Königs Pipin
Und meiner Bertha, er ist es!

Und unser Enkel ist er fürwahr,
In rechter Ehe geboren:
Die Nadel trug sie in ihrem Haar,
Als sie der König erkoren.

Da rief auch der König mit lauter Lust,
Mit hellen Thränen im Blicke:
Komm, lieber Enkel, an meine Brust —
Der trat einen Schritt zurücke.

O König, du thust mir Ehre zuviel,
Dein Wort, ich kann es nicht fassen!
Es treiben die Geister mit uns ein Spiel,
Vernimm's, und erwäge gelassen.

Noch sind zehn Tage mir nicht entflohn,
Daß ich von der Mutter geschieden;
Sie kennet kein Schloß und keinen Thron,
In der Mühle lebt sie zufrieden.

Beim Abschied gab sie die Nadel mir,
Aus ihren goldenen Haaren,
Weil schadhaft g'rade dies Kleid mir hier,
Um mich im Winde zu wahren.

Der Ritter Köhler von Schlachtenbrand,
Der rede, ob ich's erlogen,
Er hat mich von Kindesbeinen gekannt:
In der Mühle bin ich erzogen.

Und zweifelt ihr noch, auf folget mir nach,
Daß klar das Räthsel sich löse,
Es werde so klar, wie der Mühle Bach,
In Dunkel nur hüllt sich das Böse!

Auf! sprach der König, und folget mir,
Wahr hat der Knabe gesprochen,
Es dunkelt uns vor den Sinnen hier,
Es werde das Räthsel gebrochen!

Da rührte sich alles im Königshaus,
Es war ein Getümmel im Schlosse;
Sie tranken die vollen Becher aus
Und stiegen hurtig zu Rosse.

Die Fahrt.

Es saßen gewappnet mit Helm und Schwert,
Die stolzen Ritter zu Rosse,
Die Königin nur stieg nicht zu Pferd,
Sie fuhr in schwerer Karosse.

Es trabten die Rosse so muthig an,
Es rollten die Räder hinunter;
Auf der Straße fragte sich mancher Mann
Wohin die Reise so munter?

Und wie hurtig sie reisten, wie langsam doch
Erschien jetzt allen die Reise,
Wie lang der Wald, und wie hoch das Joch
Des Bergs und wie schwer das Geleise!

Auf ging die Sonn' und sie ging hinab:
Der Karl voran und der König,
Sie ritten immer in frischem Trab,
Herberge nahmen sie wenig.

Es schweifte nur immer des Jünglings Sinn,
Seine Seel' und seine Blicke
Nach der Ferne duftigen Bergen hin —
Jetzt kamen sie an die Brücke.

Und unter der Brück' auf Kieseln rann
Des Baches Wasser so helle;
Zu trinken begehrten Roß und Mann
Die kühle, lebendige Welle.

Sie machten Halt in dem Waldrevier;
Es wandelten an dem Bache
Die Königin und der König hier
Wohl unter dem grünen Dache.

Da blühten die Blümlein blau und roth
An des Wassers lieblichem Borde:
Ach, wüßten sie von der Tochter Noth,
Die hier entgangen dem Morde!

Auf! daß wir uns eilen! Zäumet die Roff',
Und legt die Roff' an den Wagen!
So rief der Karl zu der Knechte Troß,
Die müd' auf dem Rasen lagen.

Von der Heeresstraße nun bogen sie ab,
Und zogen im öden Forste;
Es scholl der muthigen Rosse Getrapp:
Da schwang sich der Adler vom Horste.

Jetzt schauten sie in ein dunkles Thal,
Dort standen so schwarz die Föhren,
So ernst und schweigend; mit Einem Mal
Ließ eine Stimme sich hören.

Ein feierlicher, frommer Gesang
In des Waldes hohen Hallen,
Man hörte das stille Thal entlang
Ein Loblied Gottes schallen.

Doch mitten inne, da brach es ab —
Der Klausner war es — vernommen
Hatt' er im Thal der Rosse Getrapp —
Er sah — und er sah sie kommen.

Er trat zurück in das dichte Gebüsch,
Er schaute des Zuges Länge,
Voran dem Zug' ein Knabe so frisch,
Und hinter ihm Waffengepränge!

Der Knabe, der war ihm wohl bekannt,
Er forderte jüngst zu trinken:
Jetzt führt' er ein Schwert in seiner Hand —
Er ritt einem Herrn zur Linken.

Und dieser Herr — er erschien so reich,
Er erschien doch fast wie ein König —
Er erkannte den König von Oesterreich:
Da war des Staunens nicht wenig!

Er faltete still die Hände sein,
Und ließ vorüber sie reiten —
Dann aber pilgert' er hinterdrein,
Und folgte dem Zuge von weiten.

Und wie sie erreichten des Waldes Rand,
Da sahn sie die Mühl' in dem Grunde;
Der Ritter Köhler von Schlachtenbrand,
Sein Horn schnell nahm er zum Munde.

Zugleich erscholl ein Trompetenstoß
Durch des Thales heilige Stille,
Erschreckend der dunkelnden Wälder Schooß
In ihres Friedens Fülle.

Der Klausner, erhobenen Angesichts,
Er rief herab von der Höhe:
Es sind die Posaunen des Gerichts!
Herr Gott, dein Wille geschehe!

Die Erwartung.

Der hehren Königstochter indeß
In des Waldgrunds heimlicher Mühle,
Durch die bebende Brust hin woget' es
Im Drang der mächt'gen Gefühle.

Die Unruh trieb sie, es hofft' ihr Herz,
Es gab ihr die Hoffnung Schwingen,
Die seligste Hoffnung — doch Angst und Schmerz,
Wie ein Schwert, durch die Seele gingen.

Sie lehnte das Haupt an die Schwester an,
Die half ihr hoffen und trauern,
Sie gingen still mit einander dann
Den Weg an des Hofes Mauern.

Hier ritt er hinaus, hier kommt er zurück,
Hier sah ich ihn mir entschwinden:
Von hier, von hier auch nahet mein Glück,
Hier werd' ich wieder ihn finden!

Hier kommen sie wieder, und kehren zurück!
Sprach dann die Freundin dagegen;
Und immer nur wandte sich Herz und Blick
Nach diesen Pfaden und Wegen.

So gingen sie eines Abends aus,
Und wandelten auf dem Stege;
Am reifenden Kornfeld, fern vom Haus,
Nicht fern dem einsamen Wege.

Wo der Weg in den tiefen Wald verschwand,
Sie wagten nicht weiter zu gehen,
Hier saßen sie an des Feldes Rand,
In der Abendlüfte Wehen.

Sie sprachen wenig; es wand die Maid
Von blauen Blumen und Mohne
In ihres Herzens schwebendem Leid
Eine schimmernde Blumenkrone.

Sie drückte sie in das goldene Haar
Frau Bertha der hohen, der schönen:
Einer hohen Königin gleichst du fürwahr,
So laß denn, Schwester, dich krönen!

Der trat eine Thrän' ins Auge, die Brust
Athmete tief, die kranke,
„Was diese Thräne?" — Mir ward bewußt —
Laß, laß — es war ein Gedanke —

Da scholl lautschmetternd Trompetenstoß
Durch des Thales heilige Stille,
Erschreckend der dunkelnden Wälder Schooß
In ihres Friedens Fülle.

Mein Sohn! mein Sohn! Dann trat sie zurück.
Mein Vater! ich habe dich wieder!
Und wieder fiel auf den Wagen ihr Blick:
Mutter! Da sank sie nieder.

Die Nacht.

Die Königin neigte sich über sie hin,
Sie deckend mit Thränen, mit Küssen:
Ihr aber entflohn war Kraft und Sinn,
Ihr schien das Leben entrissen.

Sie trugen sie sanft nach der Mühl' hinein,
Sie lag mit verklärter Miene —
So trugen die himmlischen Engelein
Die heilige Katharine.

Nun schlug sie die sanften Augen auf,
Noch trug sie die Blumenkrone,
Verwundert über der Fremden Hauf,
Nur fragend nach ihrem Sohne.

Sie schirmte das Aug', und dachte nach,
Dann hörte man leise sie stammeln:
O die Gedanken! — ich bin so schwach —
Laßt mir nur Zeit, mich zu sammeln.

Sie betteten ihr im Kämmerlein,
Sie schufen ihr Ruh' und Stille.
Es brach des Glückes zu viel herein,
Sie erlag der Freuden Fülle!

Die andern suchten sich nun Gemach,
So viel vermochte die Mühle;
Sie dachten vielen Gedanken nach,
Und entschliefen auf ihrem Pfühle.

Noch ruhte die alte Müllerin nicht,
Um nach Allem zu sehn und zu lauschen;
Jetzt aber erlosch auch das letzte Licht,
Und ruhte der Räder Rauschen.

Nun hellete sich mit mildem Schein
Des Berges schlummernder Gipfel
Und lachte der Mond ins Thal herein
Durch die schwarzen Tannenwipfel.

Es füllte sich stille der Mühlenteich,
Das Mondlicht schlief auf dem Spiegel,
Die Vögel schliefen im dunkeln Gesträuch,
Das Köpfchen unter dem Flügel.

Es blickten klar auf der Erde Weh
Die Stern' in leuchtender Pracht hin —
Es taucht' aus dem Wasser ihr Haupt die Fee,
Und schaut' in die blauende Nacht hin.

Die leuchtenden Arm' empor sie schwang,
Grüßend, grüßend zur Mühle,
Voll lachender Freud' — und wieder sank
Sie hinab in die klare Kühle.

Da hoben sich Schleier — es schauert das Rohr
Rings um den verschwiegenen Weiher —
Den Reigen beginnt der Elfen Chor,
Hinziehend flirrende Schleier.

Sie ziehen über des Feldes Raum
Ob schwanken goldenen Aehren,
Sie ziehn im Garten von Baum zu Baum,
Segnend, in luftigen Chören.

Sie ziehen wohl um das stille Haus,
Und spenden labenden Schlummer,
Und heilen blutende Wunden aus
Und lindern des Herzens Kummer.

Und gießen des Lebens neue Lust
In schon gebrochene Herzen,
Und leichten Muth in die bange Brust,
Und Balsam in alle Schmerzen!

Der Morgen.

Nun öffnete sich des Tages Thor,
Und über der Berge Gipfel
Stieg rosig der frische Morgen empor,
Röthend der Tannen Wipfel.

Und Bertha in ihrer Kammer Raum
Schlug auf die Augen, die schönen,
Es weckte sie aus dem Morgentraum
Draußen im Hof ein Tönen.

Sie sprach ein kurzes Morgengebet,
Umspielt von rosigen Scheinen,
Sie kleidete schnell sich: Es ist schon spät,
Ich muß hinab zu den Meinen!

Es war von Leuten der Hof erfüllt,
Des Königes Ingesinde,
Die hohen Krüge zum Rand gefüllt,
Saß traulich unter der Linde.

Sie sprangen vom Sitz und beugten sich
Vor der Königstochter, der hehren,
Und im Garten die Ritter neigten sich
Die hohe Herrin zu ehren.

Der König und die Königin dann
Kamen des Wegs geschritten,
Sie führten den jungen Rittersmann,
Den Enkel, in ihrer Mitten.

O meine Eltern, die ich verlor!
Sie neigt' auf das Knie sich nieder,
Sie blickte dann zum Himmel empor,
Ihr bebten nicht mehr die Glieder.

Es hob sie der Vater an seine Brust,
Sprachlos mit stillem Umfangen,
Die Mutter empfing sie mit Herzenslust,
Und küßt' ihr den Mund und die Wangen.

Wir haben dich wieder, du süßes Herz,
Nach langem, langem Entbehren,
Von deiner Freude, von deinem Schmerz,
Ließ keine Kunde sich hören.

O warst du glücklich auch immerdar?
Hat deine Seele gelitten?
Sie sprach: Ich bin ja glücklich! Fürwahr!
Ich bin ja in eurer Mitten!

Die Königin sprach: Daß dein Gemal
Dich so verstoßen, wie kam es?
Wie kamest du, Kind, in dieses Thal?
Du hattest wohl viel des Grames?

O Mutter, forsche nur heute nicht,
Du sollst es morgen erfahren,
Die Kunde, die wohl das Herz dir bricht,
Von meines Leidens Jahren.

Dann hat sie zu ihrem Sohn sich gewandt
Mit mutterliebendem Blicke
Und ihn ergriffen bei seiner Hand:
Jetzt hab' ich doch dich zurücke!

Jetzt wirst du mir nicht so schnell entfliehn,
Jetzt wirst du länger verweilen!
Nein, sprach er, wir müssen zu König Pipin,
Wir haben noch heute zu eilen!

Er sprach es so froh und voller Lust,
Und hatte nimmer ein Ahnen,
Es sei das Wort durch der Mutter Brust
Ein Schwert und ein schmerzlich Mahnen.

O Mutter, was ist, das dich erschreckt?
Ich will gen Aachen dich führen,
Zu König Pipin, daß aufgedeckt
Die Unthat sei nach Gebühren.

Du bist die Tochter des Königs hier,
Bist nicht die Magd in der Mühle!
Kein Bastard bin ich! — So folge mir!
Es ist dein Leiden am Ziele!

Wohl bin ich die Tochter des Königs hier,
Und du sein Enkel — da brachen
Die Thränen ihr aus. — So eilen wir,
Sprach jener, zum Vater nach Aachen!

Ach, sprach Frau Bertha mit schluchzendem Mund:
So bleibet es nicht verborgen,
So wird es euch doch schon heute kund,
Ich wollt' es verschweigen bis morgen!

Der Knab' ist nicht des Königs Pipin,
Nun sollet ihr alles wissen —
Es ließ ein Ritter ihn hier erziehn —
Lieb' hatte mich hingerissen.

Was sagest du, Tochter? armes Herz!
Jetzt tagt mir schreckliche Kunde!
O Gott, ich verstehe deinen Schmerz,
Und deines Herzens Wunde!

Der König sah sie bedauernd an,
Es rann herab auf die Wange
Eine Thräne wohl dem greisen Mann,
Und alle schwiegen sie lange.

Da rief der Karl: Nein, nimmermehr,
Großvater, so ist's mit nichten!
Betrübet euch darum nicht so sehr,
Ich muß euch anders berichten.

Ich bin der Sohn des Königs Pipin!
Das lass' ich nimmer mir nehmen!
O Mutter, ich weiß es ja selbst durch ihn,
Du brauchst dich nimmer zu schämen!

Des Königs Pipin? — du bist es nicht!
Gott wolle die Schmach mir wenden!
Und sie verbarg ihr schönes Gesicht
Wohl schluchzend mit ihren Händen.

O Mutter! verleugnest du deinen Sohn,
Verleugnest du meinen Vater!
Wohl sitzet mein Vater auf dem Thron,
Pipin, der Throne Berather!

Frau Bertha, die deckt' ihr Angesicht
Noch immer mit ihren Händen;
Und alle staunten und wußten nicht
Wie dieses solle noch enden.

Doch des Müllers Tochter in schnellem Lauf,
Das war ihr guter Gedanke,
Zu Bertha's Kammer sprang sie hinauf,
Und holte aus Bertha's Schranke

Das theure Bildniß, und wie sie es fand,
Da eilte sie schnell hinunter,
Und gab das Bildniß in Berthas Hand,
Zusprechend freundlich und munter.

Und jene rief: o Sohn, mein Sohn!
Hier siehe des Vaters Bildniß!
Ein Ritter ist es — nicht fern dem Thron —
Mein Trost einst hier in der Wildniß!

Nun ja! rief Karl, der König Pipin!
Was brauchen wir da zu streiten,
Mein Vater ist es, wohl kenn' ich ihn,
Ich muß ihn wohl kennen von weiten!

Er gab es dem Köhler von Schlachtenbrand,
Der drehet' es hin und wieder,
Und wie er den König Pipin erkannt,
Versetzet' er fest und bieder:

Ich sag' es auf meine Rittereh r',
Und setze dafür mein Leben,
Das ist der König! — Was wollet ihr mehr!
Sprach Karl, nun wißt ihr es eben!

Frau Bertha hatte der Worte Lauf
Gelauscht mit bebenden Sinnen,
Ihr schönes Antlitz hellte sich auf,
Sie sollte Freude gewinnen.

Der König sagte: des Himmels Hand
Hat hier gewaltet, gerichtet,
Und hat uns den Knaben Karl gesandt,
Der hat das Dunkel gelichtet.

Da trat in den Kreis der Eremit,
Der lange von fern geblieben,
Es hatte sein sündenbeschwert Gemüth
Ihn jetzt zu reden getrieben.

Er sprach: So ist es! Des Himmels Huld
Hat sichtbarlich hier geschaltet,
Und hat gewendet der Sünde Schuld,
Und wunderbarlich gewaltet.

Der König Pipin ist dein Gemal,
Und ist der Vater des Sohnes;
Ein Engel führt ihn in dieses Thal,
Und der ist der Erbe des Thrones.

Und daß er der Vater des Kindes ist,
Das hat er mir selber gebeichtet,
Doch er weiß nicht, daß du sein Ehweib bist —
O, daß ihr nur schnell ihn erreichtet!

Nun warf er Bertha zu Füßen sich hin,
O Königin, mir verzeihe!
Und kennest du mich auch, wer ich bin?
Ich bin ein Kind der Reue!

Als dich verriethen im schwarzen Wald
Die Grafen, und wollten dich tödten,
Da jammerte mich deine junge Gestalt,
Ich half dir in deinen Nöthen.

Erkennst du, Königin, nun mich wohl,
Erkennst du den Eremiten?
Der Eremit ist der Graf Riol,
O wolle Vergebung ihm bieten!

Sie sprach: Vergebung brauchest du nicht,
Ich schulde dir ja mein Leben,
Ja, Vater, so ist es, wie er spricht,
Mich tödten wollten sie eben;

Und dieser Mann hier rettete mich;
Doch irrt' ich verlassen im Walde,
Und als ich betete brünstiglich,
Erschien der Müller mir balde.

Der Müller hielt mich mit seiner Magd
In dieses Thales Enge;
Doch hat mir mein hoffend Herz gesagt,
Daß Rettung noch zu mir dränge.

Da kam ein Ritter in dieses Thal,
Ach, dem mein Herz sich ergeben!
Und dieser Ritter war mein Gemal,
Doch das erfuhr ich erst eben.

Ja Sohn, du bist des Königs Pipin,
In rechter Ehe geboren,
Und alle Thränen und Sorgen fliehn,
Und alles Leid ist verloren!

Und liebe Eltern, es nahet euch
Noch eure Tochter in Ehren —
Der Karl rief: Auf, und lasset uns gleich
Die Reise nach Aachen kehren!

Der Aufbruch.

Es tafelte die Gesellschaft nun
Im Garten unter den Bäumen;
Im Hofe da gab es viel zu thun,
Es galt die Rosse zu zäumen,

Zu satteln die Ross' und die Mäuler auch,
Da gab es manches zu packen,
Da gab es vieles nach reichem Brauch
Zu rüsten und einzusacken.

Die Magd des Müllers tummelte sich
Die zierliche Habe zu schnüren,
Sie wußt' es zu ordnen säuberlich,
Das Kleinste nicht zu verlieren.

Sie hätte gepackt am liebsten ein
Den Hühnerhof und die Tauben,
Und mitgenommen das Gärtelein
Mit Beeten, Bäumen und Lauben.

Und mit der Magd auch tummelte sich
Herr Köhler, der hochgemeite,
Er half ihr in allem emsiglich,
Und wich ihr nicht von der Seite.

Doch sprach er dabei nicht einen Laut,
Es blickte sein Auge düster,
Ihn aber umschwärmte das Mädchen traut,
Gesprächig mit frohem Geflüster.

Herr Ritter, ihr seid so traurig heut,
Und ich bin heute so fröhlich:
Nun sagt mir, warum ihr so traurig seid,
Ich sag' euch, warum ich so selig!

Ich bin so traurig, weil gleich vom Ort
Die Reise gehet nach Hause,
Ich gehe so ungern von hier fort,
Gern nähm' ich des Klausners Klause.

Und ich, Herr Ritter, bin just erfreut,
Daß wir nun reisen so eilig —
Wie, sagte der Ritter, Müllermaid,
Du reisest mit uns? — Nun freilich!

Da fiel vom Herzen ihm schwere Last,
Das Wort war's, was ihm behagte,
Da hat er schnell sich ein Herz gefaßt,
Er schaute sie an und sagte:

Nun, Mädchen, schau mir doch recht ins Gesicht,
Ich denke, wir sollten uns kennen —
Das denk' ich auch — nur weiß ich euch nicht,
Herr Ritter, bei Namen zu nennen.

Schau' recht mich an — da schlang er geschwind
Die Arme um ihren Nacken,
Und herzhaft küßt' er das Müllerskind;
Der stieg das Blut in die Backen.

Dann sprach er: Kennst du den Köhler nicht?
Mein Gott, du bist es! — Behende,
Nun küßt' er sie wieder; sie sträubte sich nicht —
Da war die Tafel zu Ende,

Und schritt die Herrschaft festlich daher,
Die Rosse schon zu besteigen,
Und Bertha schritt so froh und so hehr,
So hehr und so froh, wie zum Reigen.

Die Schuldigen.

Zu Aachen indeß im Königshaus
Viel stiller flossen die Tage.
Wie lange nun ist der Karl schon aus?
War öfters des Königs Frage.

Zu Aachen im Schloß um die Dämmerzeit
In der hohen Fensterblende
Stand Bertha die Königin voller Leid,
Legt' über einander die Hände.

Graf Guy ihr Vater, der war bei ihr,
Sie standen ohne zu sprechen;
Sie schauerte. — Tochter, was ist mit dir,
Daß Thränen hervor dir brechen?

Du solltest fröhlich und heiter sein,
Den Vorsitz führen bei Festen,
Bei Klang und Singen, bei Spiel und Reihn,
Und dich erfreun mit den Gästen.

Du kleidest dich aber in Schwarz und Grau,
Du suchst die einsame Kammer;
Nicht ziemet es einer Königsfrau
Zu leben in Sorg' und Jammer.

Du weißt, so sprach sie, laß ab, laß ab —
Ins Kloster sehnt sich die Seele,
Ins Kloster, und lieber noch in das Grab;
Wir sind uns bewußt der Fehle.

Laß ab, o Vater, laß ab, du weißt,
Blut klebt an unseren Händen,
Es ängstet mich immer ein Traum, ein Geist,
Gut kann es nimmer wohl enden.

Mir träumet von Karl in jeder Nacht,
Und auch von Riol dem Grafen,
Baarfuß, langbärtig, in Klausnertracht
Erscheint er, und läßt mich nicht schlafen.

O Tochter, wie käme der Graf dazu,
Zu solchem Kleid und Gebaken,
O Tochter, laß die Todten in Ruh,
Sie bringen uns keine Gefahren.

Die Todten, mein Kind, die stehen nicht auf;
Der ist begraben, verschollen —
Bald hätt' er uns dort verdorben den Kauf,
Wir wollen ihm weiter nicht grollen.

O Vater, und wenn ich, geängstet zu Tod,
Berge mein Haupt in die Betten,
Dann leuchtet in meiner wüsten Noth
Mir ein Engelsbild — mich zu retten!

Und das Bild, es trägt die selbe Gestalt,
Wie die Königstochter, die hehre,
Von der ich — o mir geschah Gewalt!
Den Namen trag' und die Ehre.

Die Todten, mein Kind, die stehen nicht auf,
Sie erstehen am jüngsten Tage;
Drum hemme du jetzt der Thränen Lauf,
Und solches Leid's dich entschlage!

Da scholl ein lauter Trompetenstoß,
Es klirrten die Fensterscheiben,
Ein Zug von Geistern wohl lang und groß,
Von Geistern, die leben und leiben!

Der Karl voran, und neben ihm dar
Frau Bertha auf weißem Rosse,
Das leuchtende Diadem im Haar,
Sie ritten hinan zum Schlosse.

O Vater, es stehen die Todten auf! —
Und der erbebt' und erblaßte —
Laß uns — noch haben wir freien Lauf —
Ihr Kleid war's, das er erfaßte.

Im Kloster, Vater, da ist wohl Ruh —
Fort, fort! — Sie stiegen hernieder
Die hintere Stiege, dem Pförtchen zu —
Es zitterten ihnen die Glieder.

Die Vermälung.

Der König Pipin mit dem Kanzler saß
Und mit seines Reiches Räthen,
Da zittert' und tönte das Fensterglas
Vom lauten Stoß der Drommeten.

Und wie er ans Fenster trat zu schaun,
Verwundert war er zu sehen
Die Ross' und Reiter, die Ritter und Frau'n,
Goldprangen und Helmbuschwehen!

Die Diener sprangen mit fliegendem Haar:
Der Junkherr Karl ist gekommen,
Eine Königin führet er neben sich dar —
Wohlan, sie sei mir willkommen!

Der junge Karl von dem Sattel sprang,
Und half Frau Bertha vom Rosse;
Dann führet' er sie in stolzem Gang
Hinauf die Stiege zum Schlosse.

Der König Pipin saß auf dem Thron,
Umstanden von seinen Räthen;
Karl öffnete die Thürflügel schon,
Dem König entgegen zu treten.

So sprach er mit festem Wort und Sinn,
Und selbst vergaß er zu grüßen:
Ich bringe dir König die Königin,
Die der Verrath dir entrissen!

Sie kreuzte die Arm', und neigte sich wohl,
Es neigten die andern sich alle,
Zugleich trat vor auch der Graf Riol,
In des wilden Haares Schwalle.

Und wie Frau Bertha nun aufgeblickt
Und staunend Pipin sie schaute:
Bertha! rief der König beglückt,
Der kaum den Augen traute.

Doch Karl sprach wieder: Ich bringe sie dir,
Dein Ehweib ist sie, das echte,
Und dieser, König Theoderich hier,
Ist mein Großvater, der rechte!

Und daß es so ist, das glaube mir heut,
Beweisen will ich es morgen!
Wohl war der König im Herzen erfreut —
Doch fiel er in Zweifel, in Sorgen.

Und sieh, Frau Bertha erhub die Hand,
Und zeigt' einen Ring am Finger —
Den Ring hat wohl der König erkannt,
Sein Staunen ward nicht geringer.

Sie sprach: Es sandte König Pipin
Den Ring mir, ein Pfand der Ehe,
Als Braut ihm eilt' ich entgegenzuziehn,
Da brachte Verrath mir Wehe!

Doch als in die wilden Wälder hin
Mich die Verräther verstießen,
Da war verdunkelt von Schuld ihr Sinn,
Daß sie den Ring mir noch ließen.

Es war das Wort und der süße Ton
Dem König ein Klang der Wonne —
Da drängte sich vor bis an den Thron
Mit einem Brief eine Nonne.

Er brach ihn, und las — was las er darin? —
Schweigen war in dem Saale —
Ernst ward er — dann hellte sich Blick und Sinn,
Und er sprach zu seinem Gemale:

Es ist, wie du sagst! — Gott mag verzeihn!
Die Schuldigen selber bekennen!
Ins Kloster flohen sie. — Ich bin dein!
Mein Weib! So darf ich dich nennen!

Da schloß er Frau Bertha an seine Brust,
Er küßt' ihr die Stirne, die hehre,
Dann küßt' er den Mund ihr mit hoher Lust;
Da scholl es: Gott sei die Ehre!

Er sprach: O Sohn, was hast du gethan!
Gott hat im Himmel gerichtet,
Du aber halfest und schufest Bahn,
Und hast das Dunkel gelichtet!

In des Münsters hohem heiligem Haus
Drauf ward sie die Anvermälte,
Es sprach den Segen der Bischof aus,
Der nur dem Bunde noch fehlte.

Es wogte der Dom von Weihrauchduft,
Es klang wie Engelgesänge
Vom hohen Chor durch die mystische Luft —
Andächtig kniete die Menge.

Und aber im hohen heiligen Haus
Ob einem glücklichen Paare
Noch sprach den Segen der Bischof aus;
Sie gelobten sich Treu' bis zur Bahre.

Gesänge durchklangen den ernsten Dom
Von Gottes heiligem Namen;
Es wallte nieder des Segens Strom —
Und scholl ein feierlich Amen!

Karl und Hildegard.

Ein romantisches Epos.

Pfingsten.

Es war das Fest der Pfingsten,
Der Frühlingssonne Stral,
Der Frühlingslüfte Wehen
Drang in den offenen Saal.
Es blühn die Blumen draußen,
Doch drinnen, welch ein Glanz,
Des Abendlandes Perlen,
Der Frauen herrlichster Kranz.

Die Königin ist's, die Hof hält
In ihrer Gäste Rund',
Es prangt in heller Schöne
Die Dame von Burgund,
Der Römerinnen schönste
Mit ihrer edeln Art:
Den Preis behält vor allen
Die Königin Hildegard.

Da sind die vollen Rosen,
Die Frau'n von Niederland,
Die Rosen auch, die weißen,
Die Engelland gesandt,
Im Schwall der schwarzen Locken
Die stolze Spanierin —
Den Preis behält vor allen
Der Franken Königin!

Gesenkten Auges dienen
Die Grafen ihr von fern;
Wer wagte zu erheben
Den Blick zu diesem Stern?
Was seh' ich, Einer wagt es
Mit feurigem Bemühn —
Er nahet ihrem Sessel —
O sagt, wer ist so kühn?

An ihren Sessel lehnt sich
Der schlanke Paladin —
Zwar höfisch ist die Sitte —
Und kosen sieht man ihn!
Sie spricht mit Mild' und Güte,
Doch Er mit rascher Glut — —
O sagt, wer darf es wagen,
Wer trägt so hohen Mut?

Der Auftrag.

Sie saßen und sie tranken
Den flüss'gen Sonnenschein
Zu Ingelheim im Schlosse,
Den Rüdesheimer Wein.
Der große Karl, er war es,
Der mit dem Bischof trank;
Sie saßen in dem Söller
Und sahn den Saal entlang.

Da ward der König stille
Mit wonn'gem Angesicht,
Und sprach der Bischof: Rede,
Was macht dein Auge licht?
Der König sprach: Ich dachte,
Wie doch mein traut Gemal
Die herrlichste von allen
Dort in dem prangenden Saal.

Und wieder sprach der König:
Das aber ist es nicht,
Was so mit Wonne füllet
Mein Herz und Angesicht;
Ich dachte, wie ich habe
Ein jung und schön Gemal,
Wie Gold so rein an Treue,
So fest an Treue wie Stahl.

Ja wohl, so sprach der Bischof:
Sie ist vor allen hold,
Und ist an Ehr' und Treue
So rein und echt wie Gold.
Sie trotzet der Versuchung —
Du kannst es ruhig sehn —
Ich sag' es auch, sie wird dir
Der Proben schwerste bestehn!

Was meinst du, sprach der König,
Und ernster ward sein Blick,
Und dringender die Frage:
Sprich, halte nichts zurück.
Was wolltest du mir sagen,
Ich fordr' es jetzt von dir,
Du stehest hier mir Rede,
Ich lasse nicht dich von hier!

Ja, Herr, mich treibt's zu reden!
Nimm Rath und Warnung an:
Du hegst zu viel Vertrauen,
O Herr, zu einem Mann —
Es kocht das Blut der Jugend,
Vom üppigen Byzanz
Kommt er mit leichter Sitte —
Rost frißt des Stahles Glanz!

Du nennest meinen Bruder,
Und willst der Schuld ihn zeihn!
So sprach der König zornvoll
Und schaute finster drein:
Und wenn er auch geboren
Von Mutter her nicht echt,
Er hat das Blut des Vaters,
Ist nicht entartet und schlecht.

Und war er auch am Hofe,
Wo leichte Sitte gilt,
Nicht hat das Gift ihm, weiß ich,
Das innre Herz erfüllt,
Und wenn sein Blut auch siedet,
Von heißer Glut entbrannt,
So ist doch Falschheit ferne
Von meinem Bruder Taland!

Er schritt mit festem Schritte
Den Söller ab und auf,
Da kam daher geritten
Ein Bot' in hast'gem Lauf.
Drommetenstoß ertönet —
Es schritt wohl auf und ab
Voll innern Grimms der König —
Was bringt mir Kunde der Knapp?

„Das Sachsenland im Aufstand,
Des Krieges Flamm' entfacht,
Und Wittekind, ihr Führer,
Rüstet die blut'ge Schlacht."
Wolan, so sprach der König,
Er findet mich bereit;
Du brachtest deine Kunde,
Mir hier zu rechter Zeit.

Sogleich sich ließ er zäumen
Sein Streitroß in dem Stall,
Sogleich ließ er ertönen
Drommeten von dem Wall.
Es sammeln sich die Führer,
Es sammelt sich das Heer,
Und trat der mächt'ge König
In Erz gewappnet daher.

Er musterte die Großen,
Der Grafen stolzen Chor;
Wo ist mein Bruder Taland?
Der trat sogleich hervor.
Und sieh', ihn ernst betrachtend,
Zum Bischof dann gewandt,
Sprach so der junge König:
Ich zähl' auf dich, Taland!

Und Taland ihm erwidert:
Ja zähle du auf mich,
Da wo die Schlacht am glühsten,
Der vorderste bin Ich!
Und sieh, ihn ernst betrachtend,
Zum Bischof dann gewandt,
Sprach so der junge König:
Ich zähl' auf dich, Taland!

In deine Hut befehl' ich
Mein jugendlich Gemal,
Du bleibest hier und hütest
Sie mir in Schloß und Saal.
Drauf wandte sich der König
Schnell zu der Andern Chor.
Der Bischof schlug, gewendet,
Den Blick zum Himmel empor.

Der König mit dem Kanzler
Besorgte nun das Reich
Und hundert schnelle Boten
Durchflogen es sogleich.
Dann trat er mit dem Bruder
In der Königin Gemach,
Er nahm sie in die Arme
Und küßte sie, und sprach:

Du süßes Lieb, ich scheide,
Mich ruft es in die Schlacht,
Bald aber komm' ich wieder,
Bald ist mein Werk vollbracht.
Du bleibe mein in Treue
Mit Herz und Sinne mein —
Hier lass' ich meinen Bruder,
Dein Schirm und Schutz zu sein.

O was es ein Umarmen,
Was da ein Küssen gab!
Es rannen ihre Thränen
Auf seine Brust herab.
Sie küßt' ihn immer wieder,
Sie ließ ihn nimmer los,
Es war ihr Leid unsäglich,
Wie ihre Liebe so groß.

Aus ihren süßen Armen
War nun der König fort;
Nur Taland stand und starrte,
Ihm fehlte Mut und Wort.
Er sah die Glut der Liebe,
Noch schwindelt ihm der Sinn,
Und Er zum Schirm bestellet —
Wohin? Weh, wehe, wohin?

Der Sachsenkrieg.

Sie ritten nun vom Schlosse
Und fuhren über Rhein,
Sie ritten, hoch zu Rosse,
Gen Sachsenland hinein:
Der König, sie zu schlagen
Entbrannt von Groll und Zorn,
Der Bischof, sie zu taufen
Mit Christi himmlischem Born.

Wie sie gen Siegburg kamen,
Da sahn sie schon die Spur,
Die Felder und die Gärten
Geschändet, Au und Flur
Verwüstet und verwildert,
Den Apfelbaum gefällt,
Der Rebe Stamm gebrochen,
Und die Kapelle zerschellt.

Und wie sie weiter kamen,
Nur rings verödet Land,
Die Klöster und die Weiler,
Noch rauchend, hingebrannt.
Die Heerden hingemordet,
Mehr als sie selbst verzehrt,
Zum Fraß des Himmels Vögeln,
Und alles wüst verheert.

Es griff mit stummem Grimme
Der König an sein Schwert,
Aus seinem tiefen Herzen
Ein grimmer Seufzer fährt:
O daß ich erst sie fände,
Die Räuber allzumal:
Es soll ein Zahltag werden,
Und rinnen Blut zu Thal!

Er zog wohl lange Tage
Mit seines Heeres Macht
Durch Höhn voll Waldesrauschen,
Des Waldgrunds stille Nacht:
O daß ich erst sie fände!
Doch nirgend Mann noch Speer,
Und weiter immer weiter
Zog er mit seinem Heer.

Jetzt sammelt' er die Banner;
Jetzt von des Berges Kamm
Sah er in Thales Grunde
Die Sachsen, Stamm bei Stamm,
Geschaart um eine Eiche,
Die mächtig steht im Thal;
Sie opfern ihrem Götzen —
Und groß ist ihre Zahl.

Die in der Schlacht Erschlagnen,
Sprich, standen sie empor?
Wuchs aus den Schultern jedem
Ein doppelt Haupt hervor?
Wir werden Arbeit haben
Für diesen Sommertag:
Auf, gebt zum Kampf das Zeichen,
Und führet guten Schlag!

Und rasselnd an den Bergen,
Die buschige Hald' entlang,
Wälzt sich der Eisenmänner
Erzpanzerschwerer Gang,
Braust nieder der Geschwader
Erdschütternd Roßgestampf,
Ein dräuend Schwerterblitzen:
Nun auf, ihr Sachsen, zum Kampf.

Nun auf, ihr tapfern Sachsen,
Nun auf zur Schlacht geschwind!
So rief, der Sachsen Führer,
Der starke Wittekind:
Ein Mann, ein Mann der Männer
Von wahrer Heldenart,
Es deckt die breite Brust ihm
Ein mächtiger rother Bart.

Es gilt der Sachsen Freiheit!
Rief er, und zog den Stahl.
In diesem Thal erlag einst
Der Legionen Zahl —
Ihr großen ew'gen Götter,
Steht euren Sachsen bei,
Wehrt dieser freien Erde
Die bittre Sklaverei!

Es rief der Oberpriester:
Der Christen Kreuz, seht dort,
Das wollen sie uns pflanzen
In unsern Waldesort,
Die ihre Götter sperren
In enge Mauern ein —
Nein, frei sind sie, die Ew'gen!
Und frei auch wollen wir sein!

Auf denn, zum Kampf der Schwerter,
Und schirmt dies Heiligthum,
Und wer im Kampf gefallen,
Hat in Walhalla Ruhm!
Doch in der Christen Himmel
Gehn mit einander ein
Die Helden und die Feigen —
Drum schlaget, ihr Sachsen, drein!

Da galt es kein Besinnen,
Und galt nicht Rüsten viel;
Gewaffnet sind sie immer,
Und Kämpfen ist ein Spiel.
Doch wehe, siegreich dringen
Die Franken thalwärts her:
Es war ein blutig Ringen
Und galt wohl harte Wehr.

Das Kreuz wird hoch erhoben,
Das heil'ge Kreuz, es siegt,
Es siegt durch seine Helden,
Und Sachsens Volk erliegt.
Es schwang das Schwert der König
Und war im Kampf davorn
Ein strafender Gottesengel,
Erhaben in seinem Zorn.

Kannst du die Sturmflut dämmen,
Die landein brausend grollt?
Kannst du den Felsen hemmen,
Der thalwärts niederrollt?
Jetzt um die heil'ge Eiche
Noch hält der Sachse Stand,
Hier frißt der Kampf die Besten,
Ein Blutstrom rinnt in das Land.

Nach langem hartem Kampfe
Entsinkt der Hand die Wehr.
Gefangen und gebunden
Stehn sie im Kreis umher.
Jetzt schwingt die Axt! Jetzt Rache!
Der Zahltag bleibt nicht aus!
Jetzt nieder diese Eiche
Für manches Gotteshaus!

Die Kraft der nerv'gen Arme
Trieb in den Baum den Stahl,
Und endlich, endlich sank er,
Der hoch geragt im Thal.
Er fiel, der Dach gegeben
Von Vögeln einer Welt,
Er lag im Staub, als wäre
Ein ganzer Wald gefällt.

Als er hinab sich neigte
Mit einem jähen Krach,
Es scholl ein Ach den Sachsen
In tiefster Seele nach.
Und selbst der große Sieger
Trat einen Schritt zurück,
Ob des Gewalt'gen Falle
Mit einer Thrän' im Blick.

Der Götz von Stein, gestürzet
Ward er mit wildem Spott,
Dann sang mit frommer Andacht
Das Heer und lobte Gott.
Das Kreuz ward nun erhöhet
Selbst auf der Eiche Stamm,
Und aus des Götzen Trümmern
Gelegt des Grundsteins Damm

Zu einem Gotteshause.
Darauf der Gottesmann
Das Sachsenvolk zu taufen
Auf Christi Wort begann.
Es troff das heil'ge Wasser
Ihr langes Haar herab,
Sie standen finster grollend,
Als er den Segen gab.

Nun schwört den Eid der Treue!
Man sprach die Worte vor;
Es schlug ihr Herz voll Rache,
Als Treu die Lippe schwor.
Nun sind sie unterworfen,
Nun ist das Werk vollbracht —
Der Bischof sprach's zufrieden,
Sein Herz und Auge lacht.

Doch König Karl, er fragte:
Habt ihr den Wittekind?
Bevor ich den nicht habe,
Ist all mein Sieg ein Wind.
Es wiegt der Mann, der Eine,
Ein feindlich Heer mir auf;
Ich fürcht', er macht uns ferner
Noch manchmal theuer den Kauf.

Nun galt es Burgen bauen
Und festigen das Land,
Die Vesten und die Thürme
Auf hoher Felsen Rand,
Wie schnell sie sich erheben,
Wie weit ins Land sie schaun! —
O König Karl, du ahnst nicht,
Daheim welch anderes Baun!

Gedenkst du nicht der Gattin,
Die dir zu Hause weilt?
Wie kommt's nur, daß die Reise
Nicht nach dem Rhein hin eilt?
O ziehn dich nicht die Seufzer,
Die Thränen heimatwärts?
Baust du noch immer Burgen
Und sagt dir nichts dein Herz?

Taland.

Zu Ingelheim im Schlosse
Stand noch der Paladin,
Und voll Gedanken sah er
Den König rheinwärts ziehn.
Er schüttelte zuweilen
Sein schönes Haupt, er stand
Versteinert da: Ist's Wahrheit?
Vertraut in meine Hand? —

Schließt mir sie hinter Mauern
Mit Eisenthoren ein,
Es sprengte mein Verlangen
Das Eisen und den Stein —
Ich kenne sie, die Weiber,
Noch keine widerstand,
Sie sind aus gleichem Stoffe
In Abend- und Morgenland!

Da geht an ihm vorüber
In stiller Majestät
Die Königin — er sieht sie,
Ein Schein von Röthe weht
Ueber sein bleiches Antlitz.
Sie ging zur Kammer ein,
Wo sie gebot den Frauen,
Und hieß sie fleißig sein.

Dort ließ sie weben, wirken
Von zarter Frauen Hand
Mit blumigen Geweben
Viel edeles Gewand,
Wie sie es selbst entworfen
Mit stillem Fleiß und Sinn;
Die Arbeit wachsen sehen
War ihr der liebste Gewinn.

Sie kam zurück, da sprach er:
O laß mich einmal sehn,
Was da für Schildereien
Auf deinen Tüchern stehn.
Er staunte wohl der Bilder,
Der Blumen mannigfalt,
Durchwirkt mit Vögeln, Thieren,
Gleich wie sie leben im Wald.

Und hier der junge Joseph
Vor Pharao zu schaun,
Wie er die Träume deutet,
Wie lebend stand er, traun;
Und dort wie ihn die Brüder
Verstoßen in den Tod,
In seinem Antlitz sah man
Des edeln Jünglings Noth.

Und Taland sprach: Nun webt auch
Das Weib des Potiphar,
Und den einfält'gen Joseph,
Stellt ihn milchbärtig dar —
Die Königin sah, erröthend,
Ihn ernst und strafend an,
Daß ob dem Blick erbebte
Selbst dieser kecke Mann.

Er sucht die düstern Schatten
Und es verstummt sein Mund,
Es wühlt von Schaam und Schmerze
In seines Herzens Grund,
Und bleicher wird die Wange
Und nächtiger der Blick,
Als läg' auf seinem Leben
Ein finsteres Geschick.

Wie langsam gehn die Stunden
Dem der sie wüst durchwacht.
Es treibt ihn auf vom Lager
Die Unruh durch die Nacht. —
Es rauschet durch die Stille
Der Quell, der nimmer ruht,
Doch ihm im Herzen pochet
Das wilde siedende Blut.

Die Königin in der Frühe
Mit ihrer Edelfrau
Hub waldwärts ihre Schritte
Wohl durch den kühlen Thau.
Nicht ging sie zu spazieren,
Nein, Kräuter suchet sie,
Heilkräuter, deren Kunde
Ein weiser Mann ihr verlieh.

Die weiß sie wohl zu finden,
Und kennet ihre Kraft.
Es wächst für alle Wunden
Ein heilend milder Saft,
Wenn's nur die Menschen wüßten!
Sie weiß es! unterwies
Sie doch der hohe Meister,
Der weise Malagys.

Als nun die Frauen gingen,
Vertieft, den Kräutern nach,
Da aus der Brust entfliehet
Der Königin ein Ach:
An einen Stamm gelehnet
Sieht sie den Paladin:
Taland! Bei Gott, er ist es,
Mit Staunen erkennt sie ihn.

Doch schnell gefaßt, begegnet
Sie ihm mit solchem Wort:
Muß ich so früh dich finden
An diesem stillen Ort?
Gab mich in deine Hut doch
Beim Scheiden mein Gemal,
Ich muß im Wald dich suchen,
Du fliehest meinen Saal.

Er schwieg. Mit sanfter Sitte
Sprach da die Königin:
Du leidest? und sie neigte
Sich milder zu ihm hin:
Du scheinest krank — o kann ich
Dich heilen, kranker Mann —
Das kannst du! rief er feurig,
Und blickte groß sie an.

Es schreckte dieser Blick sie.
Sie faßte sich und sprach:
Es wächst im stillen Grunde
Ein Kraut am klaren Bach:
Gepflückt beim Sternenschimmer
Von einer reinen Hand,
Ist das voll Wundergabe —
Er rief: Von deiner Hand!

Sie sprach: Nicht dieses Eine,
Es braucht dazu wohl mehr,
Ich muß den Meister fragen,
Denn, ach, du leidest schwer.
O, rief er, laß die Meister,
Und laß die Kräuter sein:
Es heilet deine Hand mich,
Dein Aug', dein holdes, allein!

Dann sprach sie, hingewendet
Zu ihrer Edelfrau:
Nun laß uns heim, Rosina,
Denn schon entweicht der Thau.
Auf Wiedersehn, Herr Taland,
In meinem Schloß! — Die Hand
Der Königin ergriff er,
Und küßte sie heiß entbrannt.

Sie nun ließ eilig kommen
Den Meister Malagys,
Um seinen Rath zu hören.
Der Meister aber stieß
Wohl einen schweren Seufzer
Aus seiner tiefen Brust,
Und sprach: o dieses Siechthum
Ist mir wohl lange bewußt.

O Königin, es werde
Dir nie das Leiden kund,
Noch auch das grause Mittel:
Der Heilkunst tiefster Grund,
Der Weisen tiefstes Wissen
Und der Gebete Kraft,
Im Kampf mit dunkeln Mächten
Nur kann vollbringen den Saft.

Wie das vernahm die Fürstin,
Erbebte sie; danach
Begann sie: Großer Meister,
Du schreckst mich! Und er sprach:
Laß mich! in dreien Nächten
Mit guter Geister Gunst
Will einen Trank ich läutern:
Laß mich, vertraue der Kunst!

Der Kelch.

Schwer war es hinzuwarten
Der dreien Tage Lauf:
Und Taland, bleich und wankend,
Ihn zehrt ein Fieber auf,
Er ging in finsterm Brüten
Und seufzte dann und wann;
Sie sah mit sanftem Auge
Mitleidigen Blick's ihn an.

Jetzt nahet ihr der Meister,
Dem viele Wunder kund —
Er lag schon einst gestorben
In Grabgewölbes Grund,
Acht Tag', und an dem neunten
Erwacht, kam er zurück
Ins Leben, tief im Innern
War da gehellet sein Blick.

Jetzt nahet ihr der Meister,
Jetzt reicht er ihr den Trank,
Gründunkel, strenge duftend —
Sie nahm, und sagte Dank.
Du selber mußt ihn reichen,
Sprach er, und eins ist noth:
Kein Tropfen draus darf fallen,
Es brächte sonst ihm den Tod.

Sie hielt den Kelch mit Zittern
Und trat mit scheuem Tritt,
Als trüge sie sein Leben —
Ach, eine Thrän' entglitt
Dem Aug' und fiel hernieder
In das gefeite Naß;
Die Königin erkannt' es,
Und es erschreckte sie das.

Da trat ihr Frau Rosina
Entgegen; jene sprach:
Komm, laß uns eilig suchen
Den Armen im Gemach:
Das ist der Trank der Heilung!
Und wie sie sprach das Wort,
So sahen sie ihn sitzen
Vertieft in der Halle dort.

Sie nahete ihm freudig
Und rief: Wohlauf, Taland,
Ich bringe dir Genesung!
Da streckt' er aus die Hand.
Sie sprach: Du mußt ihn leeren
Auf einen einz'gen Zug,
Es darf kein Tropfen bleiben —
Er trug Verlangens genug.

Den Kelch ergriff er feurig,
Den Kelch gefüllt zum Rand:
Du bietest ihn, ich trinke,
Es ist aus deiner Hand
Ein Liebestrank, ich trink ihn,
Die Bittre wird mir süß,
Und wär's der Hölle Broden,
Mich hebt er ins Paradies!

Er trank, er leert' ihn durstig
Bis auf den letzten Grund,
Der herbe Duft, der grause,
Verzog den schönen Mund,
Doch lachte hell sein Auge,
Und schien so licht verklärt —
Kein Tropfen ward vergossen,
Er hatt' ihn rein geleert.

Jetzt fällt er in den Sessel,
Er dehnt die Glieder, schließt
Sein schönes Aug', hoch athmet
Die Brust, dann aber gießt
Sich Schlummer auf den Matten,
Ein Traum, so scheint's, umweht
Die Stirn, o welche Milde,
Um seinen Mund, o seht!

Wohl sahen es die Frauen,
Und sprach die Königin:
Gelobt sei Gott: Genesung
Umfängt des Kranken Sinn.
In diesen Waldeskräutern
O welch geheime Kraft!
Wohl mir, daß ich dem Armen
Gereicht den stillenden Saft!

Jetzt athmete er tiefer,
O horch, er spricht im Traum.
Er sprach: Nicht fliehn, ich fasse
Dich bei des Schleiers Saum,
Du süßes Bild der Wonne,
Du meiner Sehnsucht Ziel,
Komm in die Rosengärten,
Und sei mein hold Gespiel!

Er träumt, was mag er träumen?
Sprach leis die Königin.
Und wieder rief er: Flöhst du
Durch alle Himmel hin,
Ich halte dich, ich folge —
Wär's in der Hölle Nacht,
Ich folge dir, ich lebe
Nur wo dein Auge mir lacht!

Im Schein der goldnen Locken
So hehr, ein Heil'genbild —
Und doch von wilden Flammen
Mein Herz so heiß erfüllt!
Die du so heiß entflammest,
O sei nicht selbst so kalt:
Ich muß dich fest umfassen,
Du wonnige Gestalt.

O welch ein ängstend Träumen,
So sprach die Fürstin leis,
Ein zitterndes Verlangen
Foltert die Brust ihm heiß.
„Man nennt es Liebe." — Liebe?
Und wen nur liebt er? sprich!
O Herrin, laß uns eilen,
Mich dünkt, er meinet dich!

Er, als ob er's vernommen,
Er schlug empor den Blick:
Ich liebe dich! so rief er,
O schrecke nicht zurück!
Ich liebe dich, ich liebe
Von ganzer Seele mein,
Mit jedem Tropfen Blutes
Und Mark's in meinem Gebein!

Ich liebe dich, ich liebe,
Und nicht um kargen Lohn,
Nicht wie da liebt ein Bruder,
Nicht wie da liebt ein Sohn;
Ich liebe dich, ich liebe
So wie der Mann das Weib,
Und wiss', ich muß besitzen
Dein Herz und deinen Leib.

Ein Schau'r, ein Schrecken faßte
Die bleiche Königin,
Und in Rosinens Arme
Sank sie erzitternd hin.
Er aber stürzte nieder
Vor ihr zu Boden dort,
Erschöpft, der Sinn' unmächtig —
Es wankte die Königin fort.

Die Verstellung.

Rosina, o wie ängstet
Mich dieser sieche Mann,
Den ich von meinem König
Zu meinem Schutz gewann.
Heut Nacht im Traum auf Felsen
Am jähen Abgrund sah
Ich schweben ihn — vor Schrecken
Und Angst erwacht' ich da.

O daß ich nur nicht selber
Sein Fieber noch gemehrt,
Denn es fiel eine Thräne,
Der ich mich nicht erwehrt,
In jenen Trank, ich werde
Noch Thränen tausendfalt
Wohl um die Eine weinen —
O laß uns fliehn in den Wald!

Es ist mein stündlich Beten,
Daß nur mein Ehgemal
Von seinem Heerzug kehre
Zurück in meinen Saal.
Und doch, ich zittre wieder,
Daß er erscheint und hört
Und sieht den Bruder leiden,
So im Gemüth verstört.

Laß uns hinaus ins Freie,
Hinaus zur wildsten Bahn,
In meiner Angst, ich möchte
Die steilen Felsen an.
Sie schritt von ihrem Schlosse
Waldein mit ihrer Frau,
Den Bach hinauf, zur Höhe —
Noch lag der perlende Thau.

Und ihre Thränen flossen.
Da war er's selbst, Taland:
Mit einem Aufschrei rief sie,
Sobald sie ihn erkannt:
Fort von dem Abgrund! Selber
Ihn hielt sie an dem Kleid:
Erschrocken blickt' er, bald dann
Floß Freude wohl in sein Leid.

Du kommst und willst mich retten?
Du folgest mir hieher?
O laß uns Hütten bauen —
Dort an des Baches Wehr —
Es rauscht so süß das Wasser
In unsern sel'gen Traum,
Und weilet, uns zu neiden,
Der Welle lustiger Schaum.

Weib, das ich flammend liebe
Mit Wahnsinns Raserei,
Und mit der stillen Thräne,
Und mit dem wilden Schrei,
Gleich wie der Hirsch des Waldes,
O Königin der Fraun,
Wenn dir ein Herz im Busen —
Komm, laß uns Hütten baun!

Du schwärmst! sprach sie, und plötzlich
Gab einen Rath ihr ein
Ihr Frauenherz, und wieder
Sprach sie verstellt: O nein,
Nur nicht an diesem Bache,
Nur nicht der Pfalz so nah,
Nein tief im Waldesschooße —
Sein Auge hellte sich da.

Im tiefsten Waldesschooße,
Wo nimmer naht ein Fuß,
Wo nimmer noch von Wallern
Erschollen frommer Gruß,
Laß uns die Stelle suchen,
Laß an dem stillsten Ort —
Erschrocken hört's Rosina —
Er sprach leis' hauchend: dort!

In stillster Waldesöde
Zu unserm sichern Schutz
Laß eine Veste gründen,
Die aller Macht beut Trutz,
Aus starken Felsenquadern,
Sie selbst ein Fels. — Er rief:
Stark will ich sie erbauen!
Er rief's und athmete tief.

Doch nun, sprach sie, gelobe,
Daß du bis dahin auch
Des Herzens Flamme dämpfest,
Und habest andern Brauch,
Mich meidest, dich geduldest,
Denn Alles bringt die Zeit —
Sie hoffte wohl ein andres
In ihrem großen Leid.

Und morgen schon beginne
Der Bau — Er sprach: Noch heut!
Und grüßte sie, und schied wohl
Im Herzen hoch erfreut;
Er glaubte, der Bethörte,
Sich an der Wünsche Ziel.
Rosina sprach: Du spielest,
O Fürstin, hohes Spiel!

Der Bau.

Er nun mit Ungestüme
Schritt in das offne Land
Und überschritt die Berge,
Der flammende Taland.
Und weiter, immer weiter,
Waldein und waldhinaus
Fort über Höhn und Gründe,
Fern von der Menschen Haus.

Er steigt des Berges Rücken
Empor, der rüst'ge Mann,
Es fegt vor ihm in Wellen
Der Wind die Halm' hinan.
Jetzt ruht er auf der Kuppe,
Sein Auge forscht umher:
Nur die gezackten Klippen,
Und Alles starr und leer.

Jetzt weit, in duft'ger Ferne
Zeigt sich im Sonnenlicht
Ein grüner Streif, er hebet
Den Schritt, und rastet nicht.
Es treibt ihn das Verlangen,
Es schwebt ein Bild ihm vor:
Zu steil sind keine Felsen,
Er klimmt sie rüstig empor.

O die zerrissnen Felsen,
Das starrende Gestein,
Zerklüftet und verwittert —
In graue Luft hinein
Streckt seine leeren Aeste
Ein blitzgetroffner Baum:
Für ein gespaltnes Herz wohl
Wär' das der rechte Raum!

Jetzt schaut er in ein Waldthal,
Dort grüner Wiesenhang,
Hier eine klare Quelle:
Und wär' es noch so krank,
Hier fänd' ein Herz wohl Ruhe —
Er blickt' umher, hinauf,
Da flog ein Adler schreiend —
Und er nahm fürder den Lauf.

Und über kahle Strecken
Und dürre Heide fort
Trug ihn die Glut im Herzen
An eines Waldes Bord;
Es öffnet sich ein Waldgrund,
So einsam und so wild,
So dunkel und so stille,
Und doch so heimlich und mild.

Und unten in dem Grunde
Mit lichtem Aug' ein See —
Hier ließe sich vergessen
Des Lebens Leid und Weh —
O welch ein süßer Frieden
Ob diesem stillsten Thal —
Doch der's betritt, er träget
Die Schuld hinein und die Qual.

Ermattet sinkt er nieder,
Bei wachem Sinn ein Traum
Umfängt ihn — O gefunden
Ist endlich hier der Raum;
Den Stab stößt in die Erd' er:
Hier habe, Herz, nun Rast,
Hier soll die Burg erstehen,
Die zweier Lieb' umfaßt.

Nicht gönnt er Ruh den Gliedern,
Er folgt der Wasser Lauf,
Und steigt von Thal zu Thale,
Da hält kein Fels ihn auf,
Und kommt auf anderm Wege
Zu einer guten Stadt,
Wo Güter ihm gelegen,
Und Leut' und Knecht' er hat.

Er führt mit Widergängen
Die Leute wohlbedacht,
Er führt sie hin zum Thale
Bei schwarzer Mitternacht.
Wo nun das Thal gelegen,
Sagt nimmermehr ihr Mund,
Und Keiner wohl mag finden
Den Rückweg aus dem Grund.

Und schnell an jener Stelle,
Wo er einschlug den Pflock,
Da fällt die Tann', es dröhnet
Das Thal, und Block um Block
Löst sich der Fels vom Felsen,
Und füget sich zum Bau,
Zum Bau — drin er zu wohnen
Meint mit der schönsten Frau.

Wohl knarren da die Hebel,
Wohl ächzet dort das Rad,
Nur Einem geht es langsam —
Er schweift auf stillem Pfad,
Mit manchem tiefen Seufzer —
Nun blicket er empor:
O wie bekannt die Stelle,
Der Baum hier und das Rohr.

Ja wohl, ich muß sie kennen:
Von einer frohen Jagd
Das kühnste Abenteuer,
Das Jäger je gewagt,
Hier war's, an dieser Stelle:
Ein angeschossner Luchs
Hatt' hier den Baum erklettert
Und ich durchbohrt' ihn flugs.

Er fiel, allein im Falle
Umklammert mich das Thier,
Und mit ihm ringend lag ich
Gewälzt im Röhricht hier.
Doch König Karl, mein Bruder,
Die starke Faust geballt,
Mit seinem Messer löste
Mich aus der Katze Gewalt.

Hier war's — in diesem Thale —
Und ich — hier schwieg sein Mund;
Er schlug sich an die Stirne
Und seufzt' aus Herzens Grund.
So saß er lange brütend,
Schon kam herauf die Nacht,
Da meldeten die Leute:
Das Tagwerk ist vollbracht.

Und morgen steht vollendet
Der Bau und unter Dach,
Dann ist nur noch zu zimmern
Das innere Gemach,
Und ihr könnt es beziehen,
O Herr, so bald ihr wollt.
Er hört's und süße Bilder
Der Sehnsucht lachten ihm hold.

Penelope.

Und dort im Schlosse saßen
Wohl um die Dämmerzeit
Die beiden Fraun, und schauten
In stiller Traurigkeit
Gen Osten hin, am Himmel
Stieg auf die dunkle Nacht:
Da hat wohl des Gemales
Die Fürstin sehnend gedacht.

Jetzt hob in vollem Leuchten
Der Mond sich still empor:
Die Königin sprach: O käme
So aus der Wolken Thor
Den ich ersehn', erflehe
Mit der Gebete Macht;
Doch bleibt er fern so lange,
Und läßt in Qual mich und Nacht!

Nach einer Weile sprach sie,
Zu ihrer Frau gewandt:
Rosina, oft wohl sah ich
Ein Buch in deiner Hand,
O sage mir, erzähle,
Wie heißt sie doch genau,
Das Bild der Gattentreue,
Die heldenmütige Frau —

Die jahrelang ersehnet
Den irrenden Gemal,
Und jahrelang gewehret
Die Freier in dem Saal,
Der Hoffnung Funken nährend,
Bekämpfend all ihr Weh —
Und jene sprach: Mich dünket,
Sie heißt Penelope!

Ja wohl, die treue Gattin
Des irrenden Ulyß,
Den ihr der Zorn der Götter
So viele Jahr' entriß.
Und weißt du auch, Rosina,
Wie sie mit klugem Rath
Des Andrangs ihrer Freier
Sich lang' erwehret hat?

Sie webet' ein Gewebe
Und sprach: Wenn dies vollbracht,
Dann frei' ich Euer Einen;
Doch löste sie bei Nacht,
Was sie gewebt bei Tage,
Durch langer Jahre Zahl
Die Ungestümen täuschend —
Bis endlich kam ihr Gemal!

Wie sie das Wort gesprochen,
Da fuhr sie auf erschreckt,
Denn an der Thür ein Pochen —
O Gott, ist er es? neckt
Der Zufall? — Offnen Armes
Hin stürzt sie nach der Thür —
Sie öffnet sich — und Taland,
Hochglühend, tritt herfür.

Er sprach: Ich bin's, ich komme!
Und sah die Fürstin an.
Was bringst du? sprach sie zagend,
Und Er: Es ist gethan,
In jedem Stück vollendet,
Wie du geheißen mir;
Nun auf, die Wege dunkeln,
Zu Roß, und fort von hier!

Das Wort wohl war ein Schrecken
Der edeln Königin:
Nicht möglich! Schon vollendet?
Mich dünkt in meinem Sinn,
Daß kaum, wie er vonnöthen,
Der Ort gefunden sei —
„Gefunden und gefestet,
Es stand die Liebe mir bei!"

Im allerstillsten Thale,
Es führt dahin kein Pfad,
Versteckt in Waldesdunkel,
Wo nie ein Späher naht
Und Neider, da erhebt sich
Der Saal und das Gemach,
Von festen Quadersteinen,
Und wohlgewölbet das Dach.

Da sprach sie mit Verstellung,
Die edle Königin:
Hast du auch Alles traulich
Erwählt mit feinem Sinn,
Die Teppiche, die Polster,
Daß nirgend stößt der Fuß,
Und daß uns heimisch lachet
Von allen Wänden ein Gruß?

Und er, die Stirne schlagend,
Sprach: O, daß ich's vergaß,
O daß ich doch den Hausrath
Nicht deiner werth erlas!
Wolan, o Weib, ich scheide,
Es sei auch das gethan,
Daß um so mehr dich binde
Dein Wort. Ich scheide, wolan!

Er ging und ließ die Beiden
In ihrer Angst allein,
Rosina stand am Fenster,
Schaut' in die Nacht hinein,
Die Königin, die hehre,
Sank nieder auf das Knie,
Zu Gott um Gnad' — und Heimkehr
Des Königs betete sie.

Das Gelöbniß.

O König Karl, was weilest
Du noch im Sachsenland,
O hast du nicht in Träumen
Der Gattin Ruf erkannt?
Er sprach an einem Morgen:
Es zieht mich heimatwärts,
Ich weiß nicht, was es deutet,
Mich aber ruft mein Herz.

O Gott, wie weit die Lande,
Der Weg wie ungebahnt!
Noch müssen Wochen schwinden
Bevor du kehrest — ahnt
Dir nichts von allem Unheil,
Daß du nicht mehr dich eilst,
Daß du noch ordnend, herrschend
An mancher Stelle verweilst?

Die Königin in Aengsten,
Sie mißt der Stunden Gang
Mit Thränen und Gebeten,
Und schaut die Straß' entlang,
Und wie sich auf der Straße
Nur irgend hebt ein Staub,
Er ist's, er nahet! ruft sie,
Und wie sich rühret ein Laub.

Wohl schaut sie nach den Wolken,
Wohl schaut sie nach dem Mond:
Ihr ewigen Sterne, sagt mir,
Die ihr da droben thront,
O lebt er noch, und athmet
Auf Erden mein Gemal,
Und warum denn nicht kommt er,
Und läßet hier mich in Qual!

Da schallet von dem Thurme
Zum Burghof Hornesstoß,
Hoch war des Herzens Schlagen,
Und war ihr Freuen groß —
Ein Reiter sprengt zu Hofe,
Er steigt vom Roß — erkannt
Hat sie ihn bald mit Schrecken,
Er ist's, der wilde Taland.

Er geht durch alle Wachen,
Sie grüßen mit der Wehr,
Er schreitet durch die Säle
Zur Königin daher:
„Da, siehe, bin ich wieder,
Vollbracht ist dein Geheiß,
Nun laß uns fort, ich sehne
Nach deiner Liebe mich heiß!“

Wie! sprach sie, schon vollendet
In also kurzer Frist!
Wie hast du nur durchmessen
Den Weg, ich fürcht', es ist —
Weit, rief er, ist's, es lieget
Uns fern versteckt der Bau,
Es gab die Liebe Kraft mir,
Die Sehnsucht Flügel, o Frau!

Laß eilen uns, Geliebte,
Und löse du dein Wort,
Denn du hast mir gelobet —
O komm, es lockt der Ort,
Es lockt die süße Stille,
Gewiß, du lobst den Saal,
Von innen ist er heimlich,
Und stark von außen zumal.

Wie sie's vernahm, da plötzlich
Gab einen Rath ihr ein
Ihr Frauenherz, und also
Sprach sie verstellt: O nein,
Ich fürchte, daß du nimmer
Das rechte noch erwählt,
O sage mir's, ich fürchte,
Daß noch dem Hause was fehlt.

Er sprach: Nur halb verdecket
Hab' ich das Dach erbaut,
Aufdaß die schöne Zinne
Zum See hernieder schaut.
O nicht, sprach sie, ich fürchte,
Daß sich der Bau verräth:
O sei er ganz verborgen,
Daß ihn kein Späher erspäht!

Er sprach: Von starken Quadern,
Und zierlich doch gehaun,
Mit felsenfesten Wänden
Ließ ich den Saal erbaun —
O nein! sprach sie, bedenke,
Wie Argwohn das erregt,
Es wäre schlecht geborgen,
Wer dort der Liebe pflegt.

Sie sprach: Es sei im Innern
Ein traulich Paradies,
Gezieret und geschmücket,
Allein ich rathe dies:
Von außen ganz unscheinbar,
Des Köhlers Hütte gleich;
That'st du es nicht, verkleide
Den Stein mit Stämmen sogleich.

Er sann in finsterm Brüten,
Dann sprach er: Du hast Recht!
Es soll auch das geschehen,
Ich überlegt' es schlecht,
Es soll gleich einer Hütte,
Darin die Armuth wohnt,
Das Obdach nun erscheinen,
Drin reiche Liebe thront.

Ich geh' und komme wieder,
Du aber schwör' und sprich:
Dann bist du mein! Nicht geh' ich
Noch einmal ohne dich!
Sie sprach, gen Himmel blickend,
Ergebungsvoll: Es sei!
Da war sie von dem Werben
Des kühnen Mannes frei.

Der Raub.

Mit Thränen und Gebeten
Hat wohl die träge Nacht,
Mit Seufzern und Gelübden
Die Königin durchwacht.
Nun kam der graue Morgen:
O du verhaßtes Licht,
Du grausestes von allen,
Ich überlebe dich nicht!

Kommt heut er, mein Erretter?
Am höchsten ist die Noth!
Und kommt er nicht, ich wollte,
Es nahte mir der Tod.
Der Kräuter kenn' ich viele,
Und ihre linde Kraft,
O daß ich lieber wüßte
Der Gifte heilenden Saft!

Sie ging die Messe hören
In Gottes hehrem Haus,
Da ruhte von den Schmerzen
Die müde Seel' ihr aus.
Doch als sie wiederkehret
Zur Burg und in den Saal,
Da brachen aus von neuem
Die Angst, die Thränen zumal.

Und als der Tag sich neigte,
Nicht länger hielt sie's aus:
Rosina, laß uns fliehen,
Fort nur aus diesem Haus —
Sein Schritt, ich hör' ihn kommen,
Er stürmt, er reißt mich fort:
Weh mir, daß ich gesprochen
Solch ein unseliges Wort!

Dann wieder tief erseufzend
Begann sie thränenblaß:
Laß uns die Straße ziehen
Nach Morgen hin, o laß
Dem König uns entgegen,
Mir sagt mein Herz, er naht,
Daß wir ihn früher treffen,
O komm, ich kenne den Pfad!

Sie stiegen beide nieder
Wohl bei des Zwielichts Schein,
Und gingen auf der Straße
Gen Morgen nach dem Rhein,
Und Hoffnung wohl beflügelt
Den Schritt der Königin,
Und jeder Schritt entgegen
Dünkt ihrem Herzen Gewinn.

Horch, horch, Getrapp von Rossen,
Es sprengt die Straß' heran!
Mir war der Himmel gnädig,
Er kommt, er ist's, mein Mann!
Sie neiget sich hinüber
Wohl nach der Straße Rand,
Im Dunkel ihn zu schauen —
Und bebt zurück: Taland!

Der ruft mit heller Freude,
Und springt vom Roß sogleich:
Bist du's, bist du's, Geliebte!
Nun schnell zu Roß, und reich
Die Hand! — Was ist? du streubst dich?
Bald sind wir an dem Ort!
Er faßte bei der Hand sie,
Er schleppt, der Starke, sie fort.

Es stand im Heilgenschreine
Ein Muttergottesbild
Am Wege dort, da rafft sie
Sich auf, sie riß sich wild
Aus seiner Hand, sie stürzte
Sich nieder auf die Knie:
O schirme du, errette
Mich, Heil'ge! betete sie.

Er faßt sie bei dem Schleier,
Er reißet sie empor,
Daß sie, ein Bild des Todes,
So Kraft als Sinn verlor.
Und seine Knechte fassen
Zugleich die Edelfrau,
Sie setzen sie zu Rosse,
Und fort durch's Dämmergrau.

Der Ritt.

Wie still, wie lind, wie milde
Die süße Sommernacht,
Es schlagen Nachtigallen,
Es rollt des Stromes Pracht,
Des Mondes schmale Sichel
Erglänzt in holdem Schein,
Und fernes Wetterleuchten
Flammt in die Nacht hinein!

Es weht die Lindenblüthe
Duftwogend durch die Nacht,
Es ziehen ob den Matten
Sich weiße Schleier sacht,
Es tönet bange klagend
Gestöhn der Unken fern,
Und von dem Himmel schießet
Herab ein fallender Stern.

Da klang wohl durch die Stille
Der Rosse frischer Trab,
Sie schritten wohl die Berge
Hinan und auch hinab,
Durchmessend viel des Weges
Ging's bei der Sterne Stral
Durch schweigende Gebreite
Und durch das hallende Thal.

Es dacht' im kühnen Herzen
Der stolze Paladin:
Der Länder größten König,
Fürwahr, nicht neid' ich ihn,
Ich neide wohl ihm nimmer
Sein Scepter und das Reich,
Und ist ihm Sieg gelungen,
Mir auch gelang er, der Streich!

Es dacht' im bangen Herzen
Das königliche Weib:
Mich führt der Weg zur Schande,
Zur Schlachtbank meinen Leib,
O daß doch Männer kämen;
Ich wollt' um Hülfe schrein,
O daß ein Abgrund gähnte,
Ich würfe kühn mich hinein!

Es dacht' im bösen Herzen
Der ritterliche Mann:
Du warst der Erstgeborne,
Und ich stand hintenan:
Jetzt schlägt sie um, die Wage,
Jetzt steigt mein Glück empor,
Ich hab's, ich hab's gewonnen,
Was du verloren, o Thor!

Es dachte voller Schmerzen
Die königliche Frau:
O daß nur Einer lebte,
Der Kunde sagt genau,
Daß, wenn ich bitter sterbe
In allerschwerster Qual,
Ich doch gewahrt im Tode
Die Treue meinem Gemal!

Halt! rief der Herr, da sprangen
Sogleich der Knechte zwei
Vom Roß, er selber eilte
Zur schönen Frau herbei,
Hieß sie vom Rosse steigen,
Reicht' ihr die Hand, und sprach:
Noch einen kurzen Fußweg! —
Ach, daß das Herz ihr brach.

Die Einschließung.

Sie gingen über die Heide
Im ersten Morgenschein;
Es folgte Frau Rosina
Von weitem hinterdrein.
Da lag das Thal gebreitet
In dunkler Pracht, und fern
Der lichte See, darüber
Der holde Morgenstern.

Sie traten ernst und schweigsam
Wohl über weiches Moos,
Und kamen tief und tiefer
Nun in der Waldnacht Schooß.
Jetzt lenkten sie die Schritte
Auf einmal niederwärts:
Ihr schlug in bängsten Schlägen
Das halbgebrochene Herz.

Sie sprach, wie vor dem Tode,
Ein kurzes Bußgebet:
Ich weiß es, daß zum Sterben
Mein letzter Gang nun geht.
Erlöse, Herr, erbarme
Dich mein, und sende mir
In meiner letzten Stunde
Noch deinen Engel hier.

Da waren sie gekommen
An's heimliche Verließ,
Sie sah es und erkannt' es,
Wie es sich blicken ließ.
Von Stämmen aufgeschichtet
Erschien's der Hütte gleich,
Gedeckt mit Spahn, bewachsen
Mit Moose grün und weich.

Hier! rief er laut und freudig,
Und sah sie glühend an,
Und jetzt bist du die meine,
Mein Weib, und ich dein Mann!
Dann zog er einen Schlüssel
Aus seinem Busen vor,
Fügt' ihn hinein, und siehe
Es öffnet schwer sich ein Thor.

Noch ist der Saal verschlossen:
Ein Thor von andrer Art,
Aus Eichenholz gefüget,
Mit Eisen wohl verwahrt,
Verschließt ihn fest — er ziehet
Den zweiten Schlüssel vor,
Und nun mit lautem Knarren
Eröffnet schwer sich das Thor.

Tritt ein! sprach er — Da plötzlich
Gab einen Rath ihr ein
Ihr Frauenherz, sie sagte:
Mir graut im Dämmerschein.
Er sprach: O Süße, fürchte
Dich nicht, hier ist es traut,
Es fehlt an keinem Dinge,
Du meine süßeste Braut!

Sie sprach: Gewiß, mir grauet
Dort innen! Und er sprach:
Mein süßes Lieb, ich zünde
Die Kerzen im Gemach.
Sie sprach: Das thu'! Da trat er,
Nichts ahnend, ein zuvor —
Und sie, mit starken Armen
Schlug zu das eiserne Thor.

Und auch das Thor, das zweite,
Und zog die Schlüssel aus —
Sie hörte dumpf ihn schreien
In seinem Felsenhaus.
Da kam in grausen Aengsten
Rosina auch heran —
Der zeigt sie still die Schlüssel;
Die sprach: Was hast du gethan!

Es standen nun die Frauen
Noch vor dem Felsenbau,
Zur Königin in Sorgen
Begann die Edelfrau:
Gefangen ist der Wilde,
Wir aber sind verirrt,
Ein Raub der wilden Thiere
Und ohne Dach und Wirth!

Die Königin entgegnet
Gelassen: Sorge nicht,
Vergeblich nicht geschienen
Hat mir der Sterne Licht,
Als wir des Wegs geritten;
Ich finde leicht zurück:
O daß sich nur entwirrte
So leicht mein finster Geschick!

Und ruhig durch die Tannen
Ging sie denselben Pfad:
Wie anders schlug das Herz ihr,
Da sie ihn erst betrat.
Schon röthet sich's im Osten,
Da schaut sie noch einmal
Zurück, und blickt gen Himmel,
Und scheidet von dem Thal.

Und über braune Heide
Lenkt sie den raschen Schritt
Zu einem Fluß hernieder,
Und zieht Rosina mit.
Das Wasser führt zu Menschen —
Wie heißt der Fluß? „Die Nah!"
Da war sie wohl geborgen,
Den Rückweg wußte sie da.

Der Eingefangne.

Er nun, der Eingefangne,
Wild tobet' er umher,
Er schrie mit Macht, er brüllte,
Wie das ergrollte Meer,
Er stampfte mit den Füßen
Die Eisenthüren an
Mit grauser Ungeberde,
Der wilde rasende Mann.

Er klettert auf zum Fenster,
Das Eisengitter faßt
Er mächtig an und schüttelt's,
Doch rührt sich nicht die Last,
Er gleicht dem Leun der Wüste,
Der wild, von Grimm entfacht,
Des Käfigs Gitter rüttelt,
Wenn er der Wüste gedacht.

Jetzt sinkt er matt danieder,
Er wälzt sich auf dem Sammt
Der Polster — plötzlich wieder
Springt er empor, entflammt
Von dem Gedanken, wie er
Geträumt mit ihr zu ruhn —
Und jetzt er ein Gefangner
Und ein Verrathener nun!

Den seidnen Vorhang, füllend
Des süßen Lagers Raum
Mit holden Schatten, ladend
Zu sel'gem Wonnetraum,
Er zerrt, er reißet tobend
Ihn los und streut ihn hin —
Und wälzt sich selbst am Boden
Mit wüst verworrenem Sinn.

Jetzt steht er auf, besinnt sich,
Es dünkt ihn Traum zumal,
Er schaut mit irren Blicken
Umher im öden Saal,
Nun tritt er vor den Spiegel,
Der zeigt sein Jammerbild
Ihm höhnisch, mit dem Schwertknauf
Zertrümmert da er ihn wild.

Und, ach, der Sinn' unmächtig,
Da liegt er, hingestreckt;
Gleicht er doch dem Erschlagnen,
Deß Auge Dunkel deckt.
Doch stöhnt er nun und athmet,
Und grollt in sich hinein —
Die abgebrannte Kerze
Wirft matten, flackernden Schein.

Er hebt das Haupt ein wenig,
Er nicket mit dem Haupt:
Es ist, es ist in Wahrheit,
Was nie ein Herz geglaubt:
Vom Himmel in die Hölle
Mit Einem jähen Fall —
Am Meeresgrund, hoch drüber
Des Glückes wogender Schwall!

O Weib, du schöne Schlange,
O dieser Glieder Zier!
O Satan, du erwähltest
Nie schönre Maske dir:
Der Leib, die Brust, die Wangen,
Der heißen Wollust Reich,
Und doch so glatt, so schlüpfrig,
Der kalten Schlange so gleich!

Ich war ein Kind an Glauben,
Und ein leichtgläub'ger Thor,
Ein Narr, ein baldbetrogner —
Du gehst den Meistern vor:
Ein Meister der Verführung
Glaubt' ich mir einst zu sein,
Und bin nun der Verführte,
Ging in die Fall' hinein!

Der Becher.

Er liegt im dumpfen Dunkel
Und brütet — so erzieht
Ihr Gift die Schierlingsstaude
Im modrig dumpfen Ried,
So unterm Stein bereitet
Der garst'ge Molch sein Gift,
Im Dunkel böse brütend,
Und wehe, wen es trifft!

Er reißt der Liebe Wurzeln
Aus seines Herzens Grund
Mit allen ihren Fasern,
Und bleibt nur Haß ihm kund,
Er zieht in seinem Herzen,
In seines Wesens Schooß
Den gift'gen Baum des Hasses,
Den wilden, wuchernden, groß.

Da zeigt sich ihm am Fenster
Ein bärtiges Gesicht,
Es ist der alte Diener
Der Königin, der spricht:
Taland, mich schickt die Herrin,
Ob du vielleicht entbehrt —
Da schleudert er zur Antwort
Hinauf nach ihm sein Schwert.

Das Schwert flog durch die Scheiben
Des Alten Haupt vorbei,
Und weithin in die Tannen;
Mit gellem Hohngeschrei
Den Schreck des Alten sah er,
Und weidete sich dran,
Dann aber sich entwaffnet
Erfand der tobende Mann.

Nach einer Weil' erkannt' er,
Daß auf des Fensters Rand
Ein Becher voll des Weines,
Ein Korb voll Brotes stand.
Er sprach: Es sei, ich lebe,
Noch leben will ich hier,
Gedeihe mir die Speise,
Ich dank' es, Königin, dir!

Er nahm zum Mund den Becher
Und sprach: Ich trank einmal,
O Weib, aus deiner Schaale
Rasender Liebe Qual:
O, diesen Trank, ich trink' ihn
Mit bleichem Mund dir zu,
Daß Galle, bittre Galle
Verstöre deine Ruh.

O, als ich jene Schaale
Geführt an meinen Mund,
Dein Bild mit Engelsmienen
Erkannt' ich auf dem Grund —
O jetzt in diesem Tranke
Dich wieder seh' ich hier,
Ein Bild der Falschheit, grinsend,
Ein Teufel lacht aus dir!

Er sprach: Du seist die Meistrin,
Ich lerne jetzt von dir,
Ja, Falschheit will ich lernen,
Die Muße ward mir hier,
Will Lug, will Meineid lernen,
Mit Mienen engelsrein
Die Teufelskrallen strecken,
Morden — und lächeln darein!

Der Brief.

So lebt' er manche Tage,
Vom Dämmerlicht umgraut,
In seinem Felsenkerker,
Den er sich selbst erbaut.
Und steht die Sonn' am höchsten,
Füllt Korb sich und Pokal:
Er zählt mit grausen Flüchen
Der Stunden und Tage Zahl.

Er hat die List ersonnen
In schlummerloser Nacht,
Mit Haß sie reifgezogen,
In Nächten, wüstdurchwacht.
Er sammelt erst des Weines,
Der Speise Vorrath an,
Er theilet ein, er rechnet,
Und sieh, der Trug begann.

Er läſſet alle Tage
Im Korb und im Pokal
Des Tranks, der Speiſen übrig,
Er heuchelt Krankheitsqual,
Und Ueberdruß des Lebens
Und ſchnellen Tods Begehr,
Er läſſet ungenoſſen
Der Speiſe täglich je mehr.

Und ſieh, an Einem Tage,
Da er um Mittag ſchlief,
Wird auf den Rand des Fenſters
Gelegt ein weißer Brief.
Wie er erwacht, da ſah er's,
Das Siegel und die Hand,
Eh er den Brief erbrochen,
Er hat ſogleich es erkannt.

So ſchrieb an ihn die Fürſtin:
„Mit königlichem Gruß
Will ich dies Wort Euch ſchreiben,
Die ſelbſt Euch meiden muß.
Ihr wart von böſer Krankheit
Befallen, daß es Euch
Zu helfen mich erbarmet,
Und Eu'r zu ſchonen zugleich."

„Um Eurer Schonung willen,
Hab' ich, wie sehr mir's leid,
Ein falsches Wort gesprochen,
Und bitte nun: Verzeiht.
Daß ich Euch eingeschlossen
Geschah in meiner Noth;
Ich hätte wohl viel lieber
Erlitten selber den Tod."

„Gern biet' ich Euch Verzeihung
Für all mein großes Leid,
Und alle meine Thränen,
Und bin es gern bereit
Mit Schweigen zu bedecken
Allzeit auf Erden hier.
Und heget einen Wunsch ihr,
Vertrauet, meldet ihn mir."

„Ich werde gern erfüllen,
Was irgend bei mir steht,
Sowahr, wie ich Euch schließe
Täglich in mein Gebet,
Und bis zum Tod verharre
In gnadenvoller Art
Euch immerdar gewogen —
Die Königin Hildegard."

Laut las er es, laut lacht' er,
Und warf verächtlich hin
Den Brief: Wer nur ergründet
Der neuen Falschheit Sinn?
Ich krank, und sie mich schonen,
O bittres Wort — Gesund
Und kalt sind Herz und Sinne,
Ich hoff', es wird ihr noch kund!

So stolz, und doch so bittend —
Schon kommt die Reue nach.
Sie ist ein Weib, ich wußt' es,
So thöricht und so schwach —
Und Schweigen will sie decken
Ob Allem, was geschehn —
O Himmel, heil'ge Einfalt!
Triumph! Dich hab' ich, laß sehn. —

Er setzte sich zu schreiben,
Und also fing er an:
„O Königin, in Demuth
Naht ein gebeugter Mann,
Auch er empfindet Reue,
Auch er bedarf Verzeihn,
Ja, Eure Gnadenworte,
Sie flößen Leben ihm ein.

Denn schon war es beschlossen
In seiner bängsten Noth
Den Hungertod zu sterben,
Als Euer Brief entbot
Verzeihn, Vergessen, Schweigen —
Doch Eines fehlet hier,
Des Mannes Kleinod: Freiheit —
Wolan, gewähret sie mir!"

Er schrieb's, und las, und lachte,
Dann schloß er zu den Brief,
Er aß, er trank, er streckte
Sich nieder und entschlief.
Er schlief bis an den Morgen,
Bis an den hellen Tag,
Bis ihn erweckt im Walde
Der Amsel flötender Schlag.

Nun auf des Fensters Brüstung
Schiebt er den Brief und läßt
Der Speisen und des Trankes
Dort stehn den größern Rest.
Er lag als um zu sterben,
Doch so das Haupt gewandt,
Daß nach dem Brief er lauschte
Und nach der nehmenden Hand.

Die Freilassung.

Der Brief ist fortgenommen:
Gewiß, schon fliegt er hin!
Wenn sie ihn liest, was thut sie,
Die bange Königin?
Ihr Herz, so voller Güte,
Ist tief in Traurigkeit —
O, Gottes Engel, hüte
Sie vor noch größerem Leid!

Wie todesstill im Thale!
Es schweigt der Vögel Lied.
Jetzt kommt die Nacht, die dunkle,
Kein süßer Traum durchzieht
Den Schlummer ihm, er wachet,
Der brütende Taland,
Bis er der schwärzen Pläne
Verderblichsten erfand.

Schon kommt der rothe Morgen,
Er blickt umher voll Ruh,
Und wirft den Gruß des Abschieds
Den Kerkerwänden zu.
Sein letztes Mahl dann nimmt er,
Und streckt bequem sich aus,
Und schläft bis an den Mittag —
Da weckt Geräusch ihn am Haus.

Die Schlösser hört er knarren,
Es öffnet sich das Thor,
Und jetzt das Thor, das zweite,
Ein Ritter steht davor,
Der ladet, sich verneigend,
Hinaus ihn in das Land.
Er nun erhob sich langsam,
Mit finstern Blicken, Taland.

Noch zögert er, noch weilet
Er hinter offnem Thor,
Nun in den Wald, ins Freie
Tritt endlich er hervor.
Wohin wird er sich wenden
Mit finsterm Angesicht?
Gleicht er doch der Hyäne,
Die aus dem Käfig bricht!

Die Jagd.

Die Sachsen sind geschlagen,
Nicht wieder stehn sie auf!
Die Frankensöhne ziehen
Siegprangend Hauf bei Hauf.
Sie füllen mit Gesängen
Die Straßen weit umher,
Den Helm geschmückt mit Kränzen
Und auch den blinkenden Speer.

Und wieder grünen Saaten,
Und ordnet sich das Land,
Und es erstehen wieder
Die Kirchen aus dem Brand,
Und baun sich auf nur schöner
Die Dörfer nah und fern:
Das macht des Herrschers Walten,
Das macht das Auge des Herrn!

So ritt nun mit dem Bischof
Der Franken König dort,
Da sahn auf einer Höhe
Sie einen heil'gen Ort.
Das war ein Waldeinsiedel —
Sie stiegen von dem Roß:
Sie traten ein zu beten,
Der König und sein Genoß.

Zu beten und zu danken,
Daß Gott geschirmt das Reich,
Sie kamen auch zu beichten,
Und Buße thun zugleich.
Der Klausner las die Messe
Aus großem Messebuch:
Es hatte dran zu halten
Der Alte schwer genug.

Als nun das Amt geendet,
Da opfert' am Altar
Der König eine Münze,
Die schwer und golden war.
Doch so begann der Alte:
Der Segen ist ohn Sold,
Nehmt eure Gabe wieder,
Es braucht der Himmel kein Gold.

Der König sprach: Wie dank' ich,
Wie dien' ich, Priester, dir?
Der Priester sprach: Ihr scheinet,
O Herr, ein Jäger mir;
Nun giebt es Hirsch' und Rehe
Im Wald herum genug,
Und eines neuen Kleides
Bedarf mein Messebuch.

Drum, habt ihr Lust zu jagen,
Wenn ihr ein Thier erjagt,
Daß ihr dann mein gedenket,
Und nicht die Haut vertragt.
Der König, wohlerbauet,
Sah drob den Bischof an:
Er sprach: Was meint ihr, Bischof,
Nicht übel redet der Mann.

Ich wollte nur, so dächten
Der Priester Gottes viel —
Darum, ihm zu willfahren,
Beginne Jägerspiel.
Habt ihr zur Hand die Meute?
Wolan, ich spüre Lust.
Da scholl im Wald das Hifthorn,
Und froh erbebte die Brust.

Sie prüften sich die Speere,
Die starke Armbrust aus,
Und steckten an die Hüte
Den grünen Jägerstrauß.
Der Bischof auch nicht säumte,
Kein Meßkleid trug er mehr,
Er tauscht' es mit dem Jagdwams,
Den Hirtenstab mit dem Speer.

Es wurden nun die Bracken
Zum rechten Ort gesandt,
Die Jäger aber nahmen
Ein jeder seinen Stand
Wohl auf des Thales Pässen
Und auf des Wildes Pfad,
Es folgeten die Jäger
Wohl kunsterfahrenem Rath.

Auf stillen Wegen leise,
Nach guter Jäger Art,
Umschritten sie die Heide,
Und ward das Wort gespart.
Es späht umher das Auge,
Es faßt den Speer die Hand,
Und wird mit starkem Arme
Der Armbrust Bogen gespannt.

Der König schnell erwählet
Sich eine Blöß' im Wald,
Doch läßt er noch sich nieder,
Bis daß die Meut' erschallt.
Jetzt wird sie laut, die Meute,
Auf springt, dicht nebenbei,
Wie hätt' er das geahnet!
Ein Hirsch mit stolzem Geweih.

Er springt empor, er lauschet,
Er hat die Meut' im Ohr,
Den König nicht gewahrt er,
Und stand doch dicht davor.
Auf sprang mit Einem Sprunge
Der Königliche Mann,
Mit schnellem Griff erfaßt' er
Den Hirsch und hielt' ihn an.

Mit beiden Händen faßt' er
Des Hirsches stark Geweih,
Und rief mit frohem Rufe
Herbei die Jägerei.
Das Hifthorn selbst, der Mann war
So stark, daß er es schuf,
Ergriff er mit der Linken,
Und blies den Königsruf.

Es kamen nun in Eile
Auf seines Hornes Schall
Herbei von allen Orten
Die muntern Jäger all.
Da sahen sie das Wunder,
Das König Karl vollbracht:
Es ward gestaunt, gepriesen,
Doch auch gescherzt und gelacht.

So sprachen nun die Jäger,
Einander zugewandt:
Als Knab' hat er gefasset
Den Fuchs mit bloßer Hand,
Als Mann den Hirsch erfaßt er,
Wie man den Schafbock hält:
Es hat nicht seines gleichen
Der König Karl auf der Welt!

Dann sprachen sie zum König:
O Herr, der Klausnersmann
Hat seiner Bitt' Erfüllung,
Ihr habt es bald gethan!
So aber sprach der König:
Nein, dieser Hirsch sei frei,
Gebt ihm ein golden Halsband,
Aufdaß er kennbar sei.

Es hat mit ihm der König
Gescherzt in frohem Sinn,
Drum soll er frei, ein König,
Gehn durch die Wälder hin,
Und soll kein Leid geschehen
Dem königlichen Thier:
So Einer ihn gefährdet
Es wird geahndet von mir!

Und nun begann das Jagen,
Die Jäger allzumal,
Sie schieden von einander
Und theilten sich im Thal.
Es war das Thal so stille,
Es lag das Thal so traut:
Nun schallt das helle Hifthorn
Und wird die Meute laut.

Da schleicht auf Tannennadeln
Mit langem Schweif der Fuchs,
Es äugt mit scheuen Lichtern
Umher der grimme Luchs,
Und jetzt des Rothwilds Rudel
Mit polterndem Getrapp —
Es stutzt, es steht, es wendet
Sich durch die Schlucht hinab.

Doch lechzend laut und lauter
Herstürmt die Meute hier;
Sie hat des Luchses Fährte,
Sie hetzet dicht das Thier —
Das Thier, die Eich' erklettern
Will es und springt hinan:
Da traf's mit scharfem Speere
Der kühnste Jägersmann.

Der König war's, er bohrte
Durch Thier und Stamm den Speer,
Und hat es festgenagelt
Mit seiner starken Wehr,
Des Arms, der Seele Thatkraft,
Sie war's, die solches schuf:
Er nahm das Horn zum Munde
Und blies den Königsruf.

Es kamen nun in Eile
Auf seines Hornes Schall
Herbei von allen Orten
Die muntern Jäger all.
Da sahen sie das Wunder,
Das König Karl vollbracht,
Es ward gestaunt, gepriesen,
Doch auch gescherzt und gelacht.

Der König sprach: Nun hab' ich
Erlegt der Lüchse zwei,
Doch bei dem ersten macht' ich
Des Bruders Leben frei.
Der zweite soll hier haften
An dieser Eiche fest,
Mich dünket, daß die Katze
Das Mausen künftig läßt!

Drauf einen Speer erwählt' er,
Und rief: Nun auf zu Wald!
Denn noch hab' ich zu lösen
Mein Wort! — Das Horn erschallt,
Und wieder in die Berge
Nun wendet sich die Jagd.
Hei, wie vor allen Jägern
So stolz der König doch ragt!

Noch giebt's genug der Hirsche
Im wildverwachsnen Hag,
Doch müder wird die Meute,
Und neigt sich schon der Tag.
Nicht alle Bolzen treffen,
Nicht tödtet jeder Speer.
Schon sammeln sich die Jäger
Um's Horn, das rufende, her.

Der König rief: Herr Bischof,
Was habt denn ihr erlegt?
„Das sollet bald ihr schauen!“
Und siehe da, man trägt
Ein borstig Stück, ein schweres —
Wohl sahn sie's an genau,
Kopfschüttelnd auch die Einen,
'S war eine säugende Sau!

Nun wohl! so sprach der König,
Schweinsleder auch ist gut
Ein Messebuch zu binden!
Nun laßt die Jagd und ruht!
Sie sahn die Waldkapelle
Und stiegen nun hinan,
Da kam die Stieg' entgegen
Der greise geistliche Mann.

Der König rief: Es schenket
Der Bischof hier von Mainz
Dies Leder dir, ich bleibe
In deiner Schuld noch eins.
Der Klausner sprach: Gedenket,
O Herr, auch meiner fern!
Der König drauf: Wird ledig
Ein Bisthum, ruf' ich dich gern.

Sie nahmen aus der Quelle
Noch einen klaren Trank,
Und sagten dann einander
Im Scheiden herzlich Dank.
Als sie die Stufen stiegen
Zur Heeresstraß' hinab,
Hört, welch ein Abenteuer
Sich lustig noch begab.

Es keuchten weheklagend
Köhler und Köhlersfrau,
Die trägt im Sack die Ferken
Und klagt um ihre Sau,
Die Jägers Hund' ihr jagten,
Und schoß ein Jäger todt —
Das brachte Kurzweil Allen,
Doch Einem Spottes Noth.

Der König sprach: Ich löse
Der schlimmen Sache Stand:
Hier dies verschmähte Goldstück
Als Werth nehmt's oder Pfand,
Die Ferken aber gebet
Zum frohen Abendschmaus!
So ging des Königs Jagen
Mit Lust und Lachen aus.

O König Karl, dir gönn' ich
Die flücht'ge Fröhlichkeit,
Denn deiner harrt zu Hause,
O König, langes Leid.
Er sprach: Nun laßt uns reiten,
Ihr Herrn, noch diese Nacht,
Daß wir die Zeit gewinnen,
Die wir mit Spielen verbracht.

Der Schwur.

Jetzt kam der große König
Mit dem gewalt'gen Heer
In seine reichen Marken
Zum schönen Rhein daher.
Als sie von fern erkannten
Des Stromes breite Flut,
Wie jubelten die Herzen,
Wie stieg so freudig ihr Mut.

Zu Rüdesheim ein Schifflein,
Das Purpurwimpel regt,
Und das mit goldnen Rudern
Die Silberfluten schlägt —
Das nimmt den stolzen König
Mit seinen Helden auf,
Dann lenket es stromüber
Den flügelschnellen Lauf.

Der König stand davorne,
Sein helles Auge lacht:
Er sprach: Wir sind zu Bingen,
Zu Ingelheim vor Nacht.
Da hat er wohl mit Sehnen
Gedacht an Burg und Saal,
An alle seine Lieben,
Und an sein holdes Gemal.

Und wie er vor den Andern
Zuerst nun sprang ans Land,
Sieh da, zu Roß ein Ritter,
Er hat ihn wohl erkannt.
Gegrüßt mir, lieber Bruder,
Dir sag' ich Gruß und Heil,
Daß ich zuerst dich sehe,
Glück ward mir wahrlich zu Theil!

Doch jener hielt wohl schweigend
Und sah den König an,
Der König sprach: O rede,
Ist Alles wohlgethan?
Wie steht's in meinem Schlosse?
Vor Allen, sprich, mein Weib —
In deine Hut befahl ich
Ihre Seel' und ihren Leib —

Und jener rief: O wär' ich
Gezogen in den Streit,
Ich hätte Sieg und Freude
Und nicht so schweres Leid!
Der König sprach: O Bruder,
Ich seh, du leidest schwer,
Du bist so bleich, so hager,
Du bist so freudeleer!

Und jener rief: O wär' ich
Gefallen in der Schlacht,
Mir hätten grause Nächte
Nicht solchen Gram gebracht!
Der König sprach: O Bruder,
Du bist betrübt zum Tod,
O sage mir, o rede,
Was brachte dir solche Noth?

Der König sprach: O sage
Mir auch von meinem Weib,
Ist sie gestorben? lebt sie?
Ist krank ihr schöner Leib?
Und jener rief: Sie lebet,
Sie lebt und ist gesund —
„Sie lebt? Das aber sagst du,
Und seufzest aus Herzensgrund!"

Und jener, finster blickend,
Den König sah er an,
Und sprach: Jawohl, sie lebet,
Ihr Leib ist wohlgethan —
Was ist? so rief der König,
Zum Bischof hingewandt;
Der Bischof dacht' im Herzen:
Ich hab' es wohl erkannt.

Verstellt nun sagte Taland:
Herr, es braucht manchen Worts,
Um dir dein Leid zu sagen —
Und eines andern Orts.
So laß allein uns reiten
Auf einen stillen Pfad,
Vielleicht, daß dir's zu sagen
Mein Herz die Fassung hat.

Der König und sein Bruder,
Sie ritten fern dem Heer,
Die Sonne sank, es kamen
Die Schatten still daher.
In den Gedanken wälzte
Der König tiefen Gram,
Bis nun an ödem Orte
Das Wort er zürnend nahm:

Jetzt stehe du mir Rede,
Denn wir sind hier allein,
Der Himmel nur ist Zeuge,
Jetzt soll es kund mir sein!
Und mit dem Blick durchbohrend,
Daß dem das Herz erbebt,
Rief er solch Wort zu Taland:
Du sprachst erseufzend: Sie lebt!

Er sammelte die Geister,
Und sagte: Herr, fürwahr —
O wäre nie gezogen
Aus seinem Horst der Aar:
Er findet ihn versehret,
Verstört — Was sprichst du aus!
Es lebt auf Erden Einer,
Der sich gewagt an mein Haus! —

Dein Haus — dein Bett — was Alles?
Du gabst's in meine Hut —
Hier steh' ich voll Verzweiflung,
Gebrochen Herz und Mut —
Da schlug sich vor die Stirne
Der königliche Mann:
Herr Gott des Himmels, rief er,
Was ist mir Leides gethan!

Doch dann mit wilden Blicken
Sprach er voll Grimm: Taland,
Wer solch ein Wort gesprochen,
Deß Leben steht zum Pfand.
Weh dir um deine Worte,
Weh dir von meinem Arm —
Beweise! — Gott im Himmel,
Hilf mir in meinem Harm!

Und Taland sprach: Wir reiten
Die rechte Straße schon,
Du sollst es sehn mit Augen —
Wird mir auch Zorn zum Lohn.
Der König rief: Du klagest
Mein Weib der Untreu' an —
Wolan nun, so beschwör' es
Bei deiner Seele mir, Mann!

Und jener sprach: Mit nichten
Bedarf es hier des Eid's,
Beweise will ich stellen
Dir deines großen Leid's,
Handgreiflich, stark und bündig,
Klar wie des Tages Licht —
Der König rief: Du schwöre,
Denn mir entgehest du nicht!

Und kannst du's nicht beschwören
Bei deiner Seligkeit,
Mit diesem Schwerte stoß' ich
Dich nieder ohne Leid!
Drum schwöre, wie ichs fordre,
Dein Tod ist's, kannst du's nicht!
Und Taland sprach: Ich schwöre,
Bei meiner Augen Licht!

Das Fenster.

Der König und sein Bruder
Nun ritten still im Feld;
Es fiel der Schein der Sterne
Trübselig in die Welt —
Der Mond steht bleich in Dünsten,
So schaurig rauscht der Wald,
Es duftet rings so herbstlich,
Und wehn die Lüfte so kalt.

Sie ritten schweigsam lange;
Da sprach der Fürst: Wohin?
Und jener ihm entgegnet:
Zum Haus der Königin!
Zum Haus, das sie gegründet
Geheim in Waldesnacht,
Wo sie mit ihrem Buhlen
Die süßen Stunden verbracht.

Sie ritten schweigsam lange;
Da sprach der Fürst: Wie weit
Noch führst du mich in Irre?
Und jener: Kurze Zeit,
Und du wirst Alles sehen,
Der Morgen dämmert schon,
Ich will dir Alles weisen,
Wird auch dein Zorn mir zum Lohn.

Und in das Waldthal nieder
Schon lenken sie das Roß.
Dies ist der Ort, sprach Taland,
Und Karl: Wo wär' ein Schloß?
Doch jener rief: Da sieh es,
Du selber stehst davor!
Der sprach: Des Köhlers Hütte,
Doch ohne Thür und Thor!

Wolan denn, sagte Taland,
Erforsch' es nur genau,
Und bald erkennst du, wähn' ich,
Den Trug der falschen Frau.
Von außen sind es Stämme,
Von innen ist es Stein,
Du wolle schaun, o König,
Nur in die Spalt' hinein.

Der stampft die Erde zornig:
Nun öffne mir sofort!
Der Andre drauf: Den Schlüssel
Wahrt sie an sicherm Ort.
Doch treibt dich Neugier, steige
Zum Fenster dort hinan.
Er half empor dem König,
Und bot die Schulter ihm dann.

Und jetzt auf Talands Rücken
Stand König Karl — Wolan,
Nun sage mir, was schaust du?
Sprach der gebückte Mann.
Der König drauf entgegnet:
Fürwahr, ein Lustgemach
Mit buntgewebtem Teppich
Hier unter hölzernem Dach!

Und ferner fragt ihn ächzend
Der schwergestemmte Mann:
Was schauest du, o König?
O sage das mir an!
Ich seh, sprach der, so dünkt mich's,
Ein Lager, schwellend weich,
Mit Schatten deckt's ein Vorhang,
Schwerseiden, bauschig und reich!

Und ferner fragt ihn stöhnend,
Ermattend schon, der Mann:
Was siehst du noch, o König?
Der König sprach sodann:
Sieh hier, ein Becher, wahrlich,
Ich kenn' ihn: bei dem Mahl
Stand er auf meinem Tische,
Wohl kenn' ich diesen Pokal!

Auf meinem Tische stand er
Bei manchem frohen Schmaus.
Jawohl, jawohl, ich kenn' ihn,
Mein Bruder trank daraus.
Es ist dein Becher, Taland,
Getheilet hat sie ihn
Mit ihrem frechen Buhlen,
Den ich dem Bruder verliehn!

Da sprach der böse Taland
Mit trügerischem Sinn,
O sieh, geliebter Bruder,
Ob Weins vielleicht darin?
Der König sprach: Zur Hälfte
Gefüllt noch der Pokal —
Und Taland sprach, der böse:
O laß uns kosten einmal!

Da rief mit Zorn der König:
Das ist mein Tafelwein,
Er wächst auf meinen Bergen —
Doch jener drauf: O nein,
Es kann der Duft wohl täuschen,
Thu einen rechten Zug!
Der König rief: Beim Himmel,
Es ist nicht möglich ein Trug!

Da schlug mit grimmer Freude
Des bösen Mannes Herz,
Er sprach: O großer König,
Wohl lach' ich ob dem Scherz:
Du hast mit ihrem Buhlen
Getrunken diesen Wein,
Und Hildegard, die schöne,
Kredenzt' und schenkt' ihn euch ein!

Da sprang von Talands Rücken
Der König Karl herab.
Bleich war er — er sprach leise:
O fänd' ich hier mein Grab!
Dann schrie er: Erd' und Himmel
Verlangt Gerechtigkeit!
O wie gebrochne Treue
Zum hohen Himmel schreit!

Er schrie, er tobt', er ras'te —
Und Taland sagte kalt:
Hast du gesehn das Lager,
Von Teppichen umwallt,
Noch warm von ihrer Liebe? —
Man könnte rasend sein! —
Laß kosten, lieber Bruder,
Jawohl, ich kenne den Wein!

Der König rief: Die Hölle
Verschlang das Himmelreich!
O sehn den lichten Engeln
Die Teufel also gleich!
Es wankt der Erde Boden,
Mein Glaube wankt und fällt —
Es kam vom Weib, sprach jener,
Das Uebel in die Welt!

Der König rief: O Bruder,
Dich hab' ich schwer verkannt,
Verzeih mir die Gedanken
Hier auf dem Weg, Taland!
Du warst der Treuen Einer,
Wo Untreu mich umflicht —
Doch laß Gericht bereiten,
Es werd' ein strenges Gericht!

Der Todesbefehl.

Schon wenden sie von dannen
Nun heimwärts ihren Schritt,
Da sprach zum König Taland:
Es wird so dunkel, tritt
So schnell nicht! Und der König:
Es ist ja heller Tag!
Komm, folge, laß uns eilen,
Was säumen hier wir im Hag?

Und wiederum sprach Taland:
Es nachtet so der Wald!
Und jener: Nicht im Walde,
Wir sind im Feld, und bald
Auf offner Heeresstraße.
Und Taland sprach: Mir ist,
Als ob mein Auge dunkelt,
Nicht seh' ich, wo du bist!

Da rief der König: Himmel,
Zuviel ist's auf einmal:
Mein Bruder mir erblindet,
Und untreu mein Gemal!
Auch ich bin blind, ich könnte
Mit blinder Zorneswut
Zerstören und zerschmettern,
In meinem rasenden Mut.

O Bruder, wenn gekostet
Du mit mir von dem Wein:
Wir haben Gift getrunken,
Gift, wähn' ich, muß es sein,
Auch mir schäumt's in den Adern,
Gleich wie ein fressend Gift,
Mir ist, ich könnte tödten,
Wen es unschuldig trifft!

Er nahm nun an dem Zügel
Des Bruders Roß: hieher
Hat dieser ihn geführet,
Zurück nun führet Er.
Sie ritten durch die Berge
Schweigsam, gedankenvoll,
In grausesten Gedanken
Brütet des Königs Groll.

Und siedender und wilder
Schlägt in der Brust sein Herz,
Je mehr sie nahn dem Schlosse,
Fast sprengt die Brust der Schmerz.
Es zittern ihm die Knie,
Da er vom Rosse steigt,
Es dunkeln ihm die Augen,
Da sein Gemal sich ihm neigt.

Und fast versagt das Wort ihm,
Und wirrt sich ihm der Sinn —
Sie aber tritt so stille,
So schuldlos vor ihn hin.
Er öffnet nicht die Arme,
Er beut ihr keinen Gruß,
Er siehet strenge, messend,
Sie an vom Kopf bis zum Fuß.

Da wird er an dem Gürtel
Ein mächtig Schlüsselpaar —
Ihm schwindelt's vor den Augen,
Es schäumt sein Blut — gewahr.
Er stößt das Wort aus, stammelnd:
Gieb mir die Schlüssel, schnell!
Ich weiß es, wo sie schließen —
Wo ist, o Weib, dein Gesell?

Sie nimmt sie von dem Gürtel,
Legt sie in seine Hand,
Da spricht er: Siehe, Sünd'ge,
Du selber hast's bekannt,
Kannst du dich rein'gen, rede!
Du aber kannst es nicht!
Sie schwieg — Er sprach: So treffe
Dein schuldig Haupt das Gericht.

Ergreift sie, ich befehle!
Wollt ihr da zaudernd stehn!
Er rief im Zorn: Ich will es,
Ich will sie sterben sehn!
Führt sie aus meinen Augen,
Hin in den wild'sten Tann,
Stürzt sie vom schroffen Felsen,
Den Tod dann meldet mir an!

Sie fiel auf ihre Kniee,
Sie rief: Es schweigt mein Mund,
Doch Gott im Himmel weiß es,
Rein ist des Herzens Grund —
Und wenn ich denn muß sterben,
O gönnt ein Abschiedswort
Mir doch von meinen Kindern —
Er winkt — sie reißen sie fort. —

Das Erbarmen.

Durch Nebel und durch Regen
Hin schleppten sie die Frau:
Es weint der Himmel Thränen,
Und Thränen trieft die Au.
Es schleppen sie die Männer
Durch Kraut und Heide fort,
Den Berg hinan, und endlich
Gefunden ist der Ort.

Es stürzt der Fels sich jähe
Hinunter in die Kluft,
Da fließt, ein schmaler Streifen,
Der Fluß durch Nebelluft —
Es tönet nicht sein Rauschen
Bis zu der Höh' empor —
Sie traten dicht zum Rande
Des tiefen Abgrunds vor.

Der Eine von den Männern
Begann: O Königin,
Hier ist der Ort zum Sterben —
Sie warf sich knieend hin,
Sie hob ihr Aug', ihr klares,
Zum Himmel betend auf,
Sie betete: Es schließet
Sich meiner Tage Lauf.

O Gott, vergieb, vergieb mir,
Du kennest all mein Herz,
Und steh mir bei im letzten,
Im allerletzten Schmerz.
Vollbracht ist's hier auf Erden,
Das Ew'ge steht bevor,
Du öffne mir voll Gnaden,
Herr, deines Himmels Thor.

Sie schnitt noch eine Locke
Von ihrem schönen Haupt,
Und hat der hehren Stirne
Das Diadem geraubt,
Sie zog von ihrem Finger
Ein gülden Ringlein ab:
Das sendet ihren Kindern
Die Mutter aus dem Grab!

Ein weißes Tüchlein nahm sie,
Und sprach mit sanfter Ruh:
Mir schwindelt, habt Erbarmen,
Schließt mir das Auge zu!
Wie Gott will, so geschehe!
Sprach das erhabne Weib:
Herr Gott, in deine Hände
Befehl' ich Seel' und Leib.

Der Eine von den Männern
Mit Schmerzenslaut begann:
Hast du das Herz, so thu es,
Stoß sie hinab, wolan!
Der Andre, tief erseufzend,
Erwidert: Ich vermag
Nicht solche That zu üben,
O unheilvoller Tag!

Der Eine von den Männern
Faßt ihres Kleides Saum,
Und wendet sie und führt sie
Nach einem andern Raum,
Er führt sie fort vom Abgrund,
An einer Klippe Rand,
Wo nur ein wenig tiefer
Sich sanfter Abhang fand.

Dann sprach er zum Genossen:
Nun denn, Genoß, wolan,
Nun stoße sie hinunter,
Sei stark jetzt und ein Mann!
Und der verstand die Rede,
Und ungesäumt hinab
Stieß er die Frau gewaltsam —
Sie fiel — sie wähnt' in das Grab!

Der Buhle.

Es saßen nun die beiden
Im goldnen Königssaal,
Es stand gefüllt vor jedem
Ein goldener Pokal.
Sie tranken nicht, sie athmen
Nur Seufzer dann und wann,
Indeß dort an den Scheiben
Der graue Regen rann.

Sie brachen wohl das Schweigen
Zuweilen durch ein Wort,
Dann ward es Stille wieder,
Und rann der Regen fort,
O wie die Dämmerstunde
So langsam doch verrann
Dem gramgebeugten König
Und dem erblindeten Mann!

Es hielt der König gramvoll
Die Schlüssel in der Hand,
Er sprach: Sie sind's, sie passen!
Ich selber hab's erkannt!
O Bruder, lieber Bruder,
Das Eine künde noch,
Wer war ihr Buhl'? Ich brenne —
O Taland, sag' es doch!

O Bruder, wenn ich's sagte,
Von Grimm dann übermannt,
Du würdest ihn ermorden —
Der sprach: Mit dieser Hand!
Und Taland sprach: Geflohen
Ist er vor deinem Nahn,
Weit über Berg' und Thäler —
Wie wollten wir ihn fahn?

Und wolltest du erkunden
Den Namen und den Ort,
Du mußtest selbst sie fragen,
Doch stießest du sie fort.
Ich fürchte, daß zu eilig
Die Hast des Zornes war —
Da sprach, wohl tief erseufzend
Der König: Du hast wahr!

Da sah man auf und nieder
Voll Gram den König gehn.
Er sprach: Würdst du ihn kennen?
Gewiß, könnt' ich ihn sehn!
Ich sah ihn nur im Spiegel,
Nicht allzuschön, doch jung
Und leicht — die Weiber lieben,
Du weißt, Veränderung!

Da faßte Karl der König
Sein großes Schwert beim Knauf,
Und stieß es mit der Scheide
Voll Zorn so mächtig auf,
Daß es sogleich in Splitter,
So stark es war, zersprang.
Er rief: O Weiber, Weiber,
Ist das für Liebe der Dank!

Nun bist du auch gebrochen,
Du alter fester Stahl —
Er warf den Stumpf des Schwertes
Hinklirrend in den Saal,
Und rief: Wie diese Trümmer,
So werf' ich fort von mir
Den letzten Rest der Liebe
Und der Erinnerung hier.

Ja, ihren Tod zu hören,
Mir wär' es eine Lust —
Dann aber legt' er wieder
Die Hand auf seine Brust:
O Bruder, lieber Bruder,
Ich bin so schwach, o steh
Mir bei, die Kniee zittern —
Es thut doch schmerzlich weh!

Der Bericht.

Jetzt meldet man die Knechte —
Wir haben das gethan —
Wir haben sie geführet
Des wild'sten Weges Bahn,
Wir haben sie gestellet
An schroffster Klippe Rand,
Wo senkrecht in den Abgrund
Sich stürzt die felsige Wand.

Es rauscht im tiefen Grunde
Des Flusses schäum'ger Lauf,
Doch oben zu der Höhe
Dringt nicht ein Laut hinauf,
Und dort hinab zu schauen
Ueber des Felsens Rand,
Es faßt ein Schwindel jeden,
Der je dort oben stand.

Als nun wir sie bedeutet,
Dies sei des Sterbens Ort,
Da sank sie auf die Kniee,
Und betete noch dort.
Dann schnitt sie diese Locke
Von ihrem Haupt herab,
Und sprach: Den Kindern sendet's
Die Mutter aus dem Grab!

Und nahm auch von der Stirne
Dies blitzende Juwel,
Und diesen Ring vom Finger,
Befahl dann Gott die Seel' —
Und wir, wir stießen beide
Dann mit vereinter Kraft
Sie nieder — und der Tod hat,
Gott geb' es — schnell sie entrafft.

Noch wollten wir, o König,
Auch von der Leiche dir
Ein redend Zeichen bringen,
Allein des Leibes Zier,
Verstümmelt und zerrissen —
O suchtest du die Spur,
Du fändest ihres Blutes
Kaum einen Tropfen nur —

Zerrissen und zerstoben,
Die Felsen tranken dort
Ihr Blut, und nahm das Alles
Der Strom im Strudel fort!
So hat sie denn geendet,
Mit Thränen sahn wir's an —
Da trat ins Aug' die Thrän' auch
Dem königlichen Mann.

Er winkte, daß sie gingen,
Und Schweigen war im Saal —
Er sprach: Vernahmst du, Taland,
Ihr Ende dort im Thal?
Der sprach: Ich hab's vernommen,
Ihr ist gelohnet reich! —
Mir aber ist's im Herzen
Ein Pochen, Hämmern gleich.

O Bruder, solch ein Pochen,
Es sprengt mir noch das Herz,
Es ist mit jedem Schlage
Wie Dolches Stich ein Schmerz,
Und unablässig schneidet
Er mir ins Leben ein —
Der König sprach: O sollt' es
Von Weibes Falschheit sein!

Der Mutter Grab.

So flossen Tage, Wochen,
Und Monde trüb dahin,
Laland erkrankt, der König
In gramerfülltem Sinn;
Das ganze Schloß verwaiset,
Die Tafel öd' und stumm,
Kein Tanz, kein Spiel — es ist doch
Als gingen Geister um.

Der König fragt die Aerzte
Um seines Bruders Noth:
Er siecht mir hin, er neiget
Sich bleichend in den Tod.
Den Aerzten und den Weisen
Versaget Kunst und Rath,
Nur Einer sprach: Er leidet
Um eine finstre That.

In schwarzen Trauerkleidern
Naht ihm der Kinder Schaar,
Die Knaben und die Mädchen,
In ihrem blonden Haar.
Sie schleppen schwere Kränze
Die weite Hall' entlang —
Der König sieht's und fraget:
Wohin, ihr Kinder, der Gang?

Da riefen mit einander
Die holden Kinder aus:
O Vater, woll' uns sagen,
Wo ist das Grabeshaus,
Wo ist das Grab der Mutter?
Daß wir den Kranz ihm weihn —
Als sie uns ist gestorben,
Wo senkte man sie ein?

Da deckt' in wildem Schmerze
Der König Aug' und Blick,
Und jene fragten wieder —
Er wandte sich zurück.
Und als sie nochmals fragten,
Da sprach er: Es ist weit! —
O wie war doch der König
Voll tiefer Traurigkeit!

Karl schlägt die Saracenen.

Nur noch des Reiches Sorge
Erhellt des Königs Tag,
Wenn er mit seinen Grafen
Des ernsten Rathes pflag;
Die Nacht ist voll von Kummer,
Ihn fliehet Schlaf und Ruh,
Er träumt mit wachen Sinnen,
Nicht schließt sein Auge sich zu.

Und einmal auf dem Lager
Im Morgendämmerschein,
Als er nun übermüdet
Ein wenig schlummert ein,
Da, zwischen Traum und Wachen,
Klingt ihm ein Ton ins Ohr,
Es lauscht sein Herz, er kennt ihn,
Er raffet schnell sich empor.

Das ist mein Neffe Roland!
So ruft er aus: Erkannt
Hab' ich im Geist das Rufen
Des Hornes Olifant.
Wenn Roland das erhebet,
So ist's in höchster Noth,
Wenn der um Hülfe rufet,
So ist es, weiß ich, im Tod!

Auf denn, und schnell zur Stelle,
Der Heerbann sei bereit!
Es sind die hundert Meilen
Der Rettung wohl zu weit,
Doch nicht zu weit der Rache!
O Roland, hoher Held,
Wenn dich Verrath getödtet,
So trauere die Welt!

Er zieht mit seinem Banne
Gen Mittag, kampfentbrannt,
Es mehren sich die Haufen,
Es wälzet sich durchs Land
Das Heer, und Wog' auf Woge
Ergießt sich in den Strom —
Des Heeres Strom, er brauset
Hinan der Berge Dom.

Hinan durch Schneegefilde,
Hinauf zum eis'gen Paß:
Da ziehn hindurch die Völker
Taglang ohn Unterlaß,
Bis endlich nun sie wieder
Ins Thal hinunter ziehn,
Der König Karl davorne
Und Erzbischof Turpin.

Auf vielgewundner Straße
Folgt ihm die Heeresmacht:
O wie sie da erstaunten
Ob fremder Wunder Pracht.
Vom hohen Himmel stürzet
Die Felswand jäh herab,
Das schneeige Haupt voll Sonne,
Zu Fuß ein schauerlich Grab.

Jetzt von dem Schnee der Firne
Lös't sich ein lockrer Ball,
Er rollt den Abhang nieder,
Er rollt und wächst im Fall,
Es brauset die Lawine
Durch Tannenforst daher,
Die Stämme brechen knatternd,
Als ob es Röhricht wär.

Wie das die Franken sahen,
Durchs ganze Heer erscholl
Ein Ruf — und weiter brauset
Das wachsende Geroll,
Und, ein Gebirge, stürzt es,
Und füllt des Thales Thor;
Da schwang sich eine Wolke
Von Aaren schreiend empor.

Wie das die Franken sahen,
Noch lauter, froher schwoll
Ihr Ruf — allein der König,
Der sah es gramesvoll,
Und sagte zum Gefährten:
Das ist das Todesthal!
Wie heißet es mit Namen? —
Es heißet Ronceval!

So ist denn hier erlegen
Roland der mächt'ge Held,
Und hat der Sturz begraben
Das grause Leichenfeld.
Er zog das Schwert: Erklungen
Ist mir dein Olifant,
Ich komme dich zu rächen,
Du edler Held Roland!

Er tritt sich Bahn durch Trümmer,
Und über Schutt und Schnee,
Und über Stein und Stämme;
Und dann entlang am See
Aus diesem finstern Thale
Führt er des Heeres Macht,
Bis grünend ein Gebreite
Sonnig entgegen ihm lacht.

Und wie aus blauem Himmel
Ein lichter Wetterstral,
So fällt er auf die Zelte
Im blumenvollen Thal.
Vom Tanz bei weichen Liedern
Rief er sie in die Schlacht,
Und aus dem Arm der Mohrin
Nun in den Schooß der Nacht.

Das war ein wildes Treffen,
Da galt es trutz'ge Wehr!
Schwer trifft der Franken Hammer;
Des Saracenen Speer,
Des Saracenen Klinge
Zersplittert in der Faust:
Ha, wie er selbst, der König,
Die Schlacht so mächtig durchsaust!

Durch Blut und über Leichen
Nun schritt der Sieger fort,
Es unterlag der Halbmond,
Es stieg der Christen Hort.
Er bändiget die Vesten,
Er herrschet durch das Land:
Da ward des Königs Stärke
Im Land Hispanien erkannt!

Karl schlägt die Sachsen.

Noch nicht der Welt erklungen
War solcher Thaten Mähr,
Der Siege, die erfochten
Held Karl mit seinem Heer;
Vielmehr erscholl die Kunde
Vom Thal von Ronceval,
Wie Roland dort erlegen,
Und von der Franken Fall.

Es tönt durch alle Lande
Die grause Trauermähr:
Der Roland ist erlegen
Und all der Franken Heer.
In allen Frankenlanden
Ist Trauer und ist Leid —
Doch bei des Königs Feinden
War Freud' und Fröhlichkeit.

Und, sieh, in ihren Wäldern
Im schatt'gen Sachsengau,
Da heben sich die Häupter
Und schütteln, gleich wie Thau,
Von ihren blonden Fachsen
Die Tauf' und auch den Eid:
Die Sachsen wollen Freiheit
Und sehnen sich in den Streit.

Und der die Fahn' erhebet,
Das ist der Wittekind;
Der sammelt schnell die Haufen,
Und ordnet sie geschwind:
Sie opfern ihren Götzen,
Sie stürzen mit Geschrei
Das Kreuz und die Altäre:
Und rufen: Wir sind frei!

Sie tanzen um die Säule,
Sie schwingen hoch das Schwert,
Die Jüngling' und die Greise
Sie alle sind bewehrt,
Die Knaben und die Kinder
Auch rufen: Wir sind frei!
Das ist im Sachsenlande
Ein einzig Feldgeschrei!

Und, siehe da, die Engern
Und dort die Friesen auch,
Sie alle stehn gerüstet
Nach kriegerischem Brauch:
Jetzt führen wir den Reigen,
Wolan denn an den Rhein!
Sie dringen vor, ein jeder
Will da der erste sein.

Und auch noch gar der Däne
Stellt sich mit Heeresmacht,
Mit schweren Roßgeschwadern,
Ob er wohl Beute macht.
Es stößt das Heer zum Heere:
Gar sonnig ists am Rhein,
Dort wächset Korn in Fülle,
Dort wächst ein wonniger Wein!

Nun gießt sich in die Lande
Verheerend hin das Heer:
Rauchwolken schwarz bei Tage,
Bei Nacht ein Feuermeer:
Ach, überall zertrümmert
Kapell' und Kirch' und Kreuz:
So wälzte sich das Unheil
Bis an den Rhein bei Deuz.

Bis hieher und nicht weiter!
Noch wehrt des Rheines Flut;
Allein es wehret besser
Des großen Königs Mut.
Wie der die Schlacht geschlagen
Im Land der Pyreneen,
Da sprach er: Ich muß wieder
Nach meinem Reiche sehn!

Er eilt voraus dem Heere
Und seinem Ruhm voran,
Bevor noch durch die Lande
Des Sieges Kunde rann,
Naht er schon selbst der Sieger,
Er wechselt Roß um Roß,
Schon hört er böse Botschaft
Und schnell ereilt er sein Schloß.

Er stampft voll Grimm die Erde,
Es war sein Zürnen groß.
Den Aufruhr will ich bannen
Tief in des Abgrunds Schooß!
Und wie er stampft den Boden,
Ersteht ein mächtig Heer:
Giebt sie hervor die Erde
In voller Eisenwehr?

Bei Coblenz überschritt er
Mit starkem Heer den Rhein,
Und sieh, in raschem Zuge
Die Sichern schließt er ein —
Da hat er, ach, mit Thränen
Verheert gesehn sein Land,
Im Staub die Heiligthümer,
Die Städte niedergebrannt.

Es lagerten die Sachsen
Am hellen grünen Rhein,
Aus Hörnern und aus Humpen
Und Fässern floß der Wein
In ihre rauhen Kehlen,
Und war ein wild Gebraus,
Sie brieten Schaaf' und Rinder
Am Speer zu üppigem Schmaus.

Da tönt von allen Seiten
Schmetternder Hörner Stoß,
Und war zugleich der Schwerter
Und Speere Drängen groß.
Der Wittekind mit Zorne
Erhub der Stimme Kraft:
Sie taumeln auf, sie fassen
Im Rausche Schild und Schaft.

Sie taumeln durch einander,
Schwer ist das Häupt und schlaff
Der Arm — o wie gewaltig
Da Schwert und Hammer traf!
O welch ein wüst Getümmel!
Der Sachsen Jugend fällt,
Gleich wie dem Schlossenwetter
Erliegt ein Aehrenfeld.

Der Tod hat reiche Ernte,
Viel hat das Schwert gerafft,
Bis daß zuletzt ermüdet
Des Frankenarmes Kraft.
Die Trunknen und die Todten,
Sie ruhn, wo sie getischt,
Und ward die Au gedünget
Von Blut und Wein gemischt.

Nur Einer ist entgangen,
Der Wittekind genannt,
Der trägt in freier Seele
Des Grolles glühen Brand.
Er raffet neue Völker,
Und führt sie kühn heran,
Und stellt sich fest entgegen
Am quellenreichen Tann.

Und aber nun beginnet
Das Schlagen und die Schlacht,
Es ward gekämpft, gerungen
Bis in die schwarze Nacht.
Mit breitem Schwert die Sachsen,
Die Franken mit dem Speer,
Sie wollen heut erproben
Weß sei die bessere Wehr.

Sie wollen heut erproben,
Weß sei der kühn're Mut:
Da mußten viel erliegen,
Und rann viel heißes Blut.
Es rann in manches Wasser
Das durch den Wald sich gießt —
O wie es durch die Fluren
Nun meerab purpurn fließt!

Da läßt das Horn erschallen
Er selber, Wittekind:
Wir wollen künftig siegen,
Die heut geschlagen sind,
Wir werden kämpfen, kämpfen
Bis auf den letzten Mann —
Wann sinkt der letzte Sachse
Nennt euch erst Sieger alsdann!

Dort mit dem Friedenszeichen
Welch eine Botschaft naht?
Das war der würd'ge Bischof
Der grüßend zu ihm trat:
Ich bringe Frieden! Frieden!
Dein Gott erlag, nicht du!
Nimmst du sie an, ich reiche
Die Bruderhand dir zu!

Er sinnt, er zaudert lange,
Der Heldenmann; er spricht:
Ich kämpfe mit der Gottheit
Des hohen Himmels nicht!
Und nahm die heil'ge Taufe,
An Haupt und Füßen baar,
Und mit ihm alle Stämme
Der Sachsen, Schaar um Schaar.

Karl schlägt die Friesen.

Es gönnt der große König
Nur Eines Tages Rast
Dem Heer von Siegen müde,
Und von des Ruhmes Last.
Nun auf, und wieder kämpfen!
Er zucket wie ein Blitz
Gen Norden in die Auen:
Dort ist der Friesen Sitz.

O wie sich weit das Marschland,
Ein grasig Meer, erstreckt,
Wie sich im hohen Grase
Das schwere Rind versteckt!
Nun endlich hebt ein Tann sich —
Doch regt sich der und lebt:
Das sind der Friesen Speere,
Nun schnell das Zeichen erhebt!

Die großen Friesenmänner,
Von fetter Milch genährt,
Sie sind gar stolz und stämmig,
Mit langem Spieß bewehrt,
Sie können's nicht erwarten,
Sie rennen in die Schlacht:
Doch solches Korn zu schneiden
Das ist nicht leicht vollbracht!

Die Franken stehn, so stehet
Ein Vorgebirg' im Meer.
Jetzt aber klingt das Zeichen,
Sie dringen wild daher,
Wie schmettern sie gewaltig
Mit ihrem ersten Gruß:
Sie alle wollen rächen
Sanct Bonifacius.

Jetzt in der Friesen Flanke
Dringt ein des Königs Heer:
Was frommt noch im Gedränge
Der überlange Speer!
Gekämpft ward mit dem Messer,
Ja, mit der bloßen Faust:
O wie so wild und grausig
Das Schlachtgetümmel erbraust!

Und bis zum Mittag schüret
Der Friesenfürst den Brand,
Da aber tönt sein Schlachthorn,
Und er gebietet Stand.
Es ruhn die müden Arme,
Er sendet Boten hin:
Es dünket ihn der Friede
Ein besserer Gewinn!

Der große König wieder,
Den Bischof schickt er aus:
Der Sieger auch will hemmen
Des Blutvergießens Graus:
Es bietet dir zu Lehen
Der König dieses Land,
Wenn durch die heil'ge Taufe
Du Christi Lehre bekannt.

Ein Herzog sollst du bleiben,
Dir bleibet all dein Gut:
Auf denn, daß ich dich taufe
In dieses Wassers Flut!
Es ist der Christen Lehre
Der Liebe sanft Gebot,
Sie giebt auf Erden Friede,
Und selig Leben im Tod!

Als sich der Fürst besonnen,
Und schon den Fuß genetzt,
Schon stand er in dem Flusse,
Da fragt' er noch zuletzt:
Sprich, gingen meine Ahnen
In deinen Himmel ein?
Der sprach: Sie waren Heiden,
Verloren müssen sie sein!

Da zog der Herzog Radbod
Den Einen Fuß zurück,
Und also fragt' er weiter
Mit festem, ernstem Blick:
Sprich, ist der größ're Haufe
In Himmel oder Höll'?
Und jener: In der Hölle!
Den andern Fuß da schnell

Zog aus der Wassertaufe
Der Friesenherzog fort,
Und sprach mit rascher Seele
Und mit entschloßnem Wort:
So will ich immer bleiben
Wo meine Ahnen stehn,
Und mit dem größern Haufen
Lieber zur Hölle gehn!

Und schnell ergriff das Schwert er
Und er befahl die Schlacht,
Und aber ward gekämpfet
Bis in die dunkle Nacht.
Die graue Dämmerstunde
Wohl war sie schwül und schwer,
Manch Aug' hat sich geschlossen
Und wachet nimmermehr.

Der lichte Morgen zeigte
Das Schlachtfeld und den Sieg:
Die Friesen sind erlegen,
Geendet ist der Krieg.
Der edle Herzog Radbod,
Die Wund' in hoher Brust,
Auch er erlag — da wurde
Dem Sieger Schmerz bewußt.

Sie schütteln von den Helmen
Den Staub mit frohem Mut,
Sie wischen von den Schwertern
Das rothe Friesenblut,
Sie sammeln ihre Reihen,
Sie zählen Zelt um Zelt
Und Mann um Mann, da fehlet
Auch mancher Frankenheld.

Am Meere.

Der König sprach: Der Sachsen
Und Friesen hab' ich Ruh!
Nein, sprachen seine Grafen:
Der Dänen auch dazu!
Du hast sie auch geschlagen
In dieser Schlacht zugleich:
Sie ließen uns die Rosse,
Ruh' hat vor ihnen das Reich.

Die ließen uns die Rosse,
Das ist ein guter Fang:
Wir haben hier zu rasten
Nur Eines Tages lang!
Bestattet nun die Todten,
Daß sie in Frieden ruhn —
Dann aber geht es weiter
Wir haben mehr zu thun

Er eilte nun zum Meere,
Dort weilt' er Einen Tag,
Er ging dort voll Gedanken
Entlang am Wogenschlag.
Es schauet seine Seele
Hinaus ins große Meer,
Gelabt an stiller Größe —
O wie allmächtig, wie hehr!

Er wandelt ernst und einsam
Am rauschenden Gestad',
Einathmend Meeresodem,
Es ist, als pflegt' er Rath,
Es ist, als pflegt' er Zwiesprach
Hier mit dem ew'gen Meer,
Und stolzer, kühner, größer
Trat König Karl daher.

O wie sich ihm der Busen
So voll und mächtig dehnt —
Dann aber ist es wieder,
Daß sich das Herz auch sehnt.
Er überdenkt sein Schicksal,
Ihm nahet manches Leid,
Und in die dunkle Woge
Schaut er mit Traurigkeit.

Da weht um Wang' und Locken
Der frische Meereswind,
Der kühlet Herz und Seele
Nach heißen Stürmen lind.
Der heilet manche Wunde
Und lindert manchen Harm —
Und schon verlanget wieder
Nach Thaten Herz und Arm.

Jetzt sah er auf der Woge
Ein Schiff mit schnellem Kiel,
Und auf des Königs Wange
Eine helle Thräne fiel:
Das ist der Däne wieder,
Das ist des Normanns Mast,
Er brandschatzt meine Küste,
Daß drum ein Schmerz mich erfaßt!

Wachsen nicht auf den Bergen
Uns Stämme hoch und fest
Dran sich ein stolzes Segel
Den Winden geben läßt!
So laßt uns Burgen bauen,
Die wandeln ob dem Meer,
Und sei des Reiches Flagge
Ein Stolz, ein Schrecken umher!

Karl schlägt die Avaren.

Nun fliegt er durch die Lande,
Ein jäher Wetterstral,
Er zieht mit starkem Heere
Wohl über Berg und Thal:
Thüringens wald'ge Berge
Und die grüngoldne Au,
Wie liegen sie so friedlich,
Wohl eine wonnige Schau!

Er kam durch grüne Lande
Nun an den schönen Main:
Hier soll die Stadt sich heben,
Und dort das Bisthum sein!
Ein andermal! Jetzt aber
Gilt es des Reiches Feind,
Treulos mit den Avaren
Hat sich der Baier vereint!

Es fließt mit grüner Woge
Die strudelreiche Flut
Durch schwarzen Wald, o wie er
So ernst und schweigsam ruht!
Im stillen Föhrenwalde,
O wie der Hufschlag schallt,
Wie lieblich auch erklinget
Der Amsel Schlag im Wald!

Doch unten an der Donau,
Daß drob die Seel' ergraust,
Wie wild dort herrscht die Horde,
O wie sie tobt und haust,
Die Horde der Avaren,
Ein garstig braun Geschlecht,
Es hängt zur Brust hernieder
Der langen Haare Geflecht.

Den Köcher auf dem Rücken,
Das Messer auf der Brust,
Die Spitzhaub' auf dem Haupte
Und unter sich mit Lust
Das wilde Roß, so wimmelt's —
Ein braun Heuschreckenheer,
Abfressend Feld und Weide
Wälzt sichs am Strome daher.

Vom Berg durch Tannengipfel
Und durch das Felsenthor
Sah sie der König lagern:
Qualm stieg und Lärm empor.
Da sprach er zu den Grafen:
Die Felswand schließt das Thal,
Hier zwischen Fels und Strome
Fassen wir sie zumal.

Er ordnete die Haufen,
Und als das Zeichen scholl,
O wie so freudig schritten
Zur Schlacht sie mutesvoll.
Hei wie die Dänenrosse,
Gespornt vom Frankensporn,
In rasselnden Geschwadern
Hinsausten, kühn davorn!

Ha, welch Gewirr, Getümmel!
Verstöret das Gelag,
Geschrei der Weiber, Kinder,
Und dumpfer Pauken Schlag,
Und wilder Ruf der Männer,
Gestürzet Zelt und Scharrn,
Die Stiere durch einander,
Die Ross' und Wagen und Karr'n!

Es tönen helle Zinken,
Das grause Schlachthorn tönt,
Von der Geschwader Hufschlag
Die bange Erd' erdröhnt,
Und Roßgewieh'r und Wirbel
Der Pauken, Schwertgeklirr,
Der Helm' und Schwerter Blitzen,
Und Staub und Pfeilgeschwirr.

Geschnellt von tausend Bogen
Braus't ein Pfeilregen her,
Der traf die Franken prasselnd,
Doch kümmert sie's nicht schwer,
Sie schüttelten ihn lustig
Herab von Helm und Schild,
Und rannten, lauter jubelnd,
Hinein ins Schlachtgefild.

Sie werfen Alles nieder,
Und wenden's in die Flucht,
Und drängen immer enger
Den Feind dort in die Bucht,
Und stürzen in die Wellen,
Was nicht erliegt dem Schwert:
Da ward die deutsche Erde
Von Feinden wie gekehrt.

Die grüne Donauwelle,
Wie fließt sie doch so roth!
Sie fließet schäumig munter,
Und träget doch den Tod!
Es kam daher die Horde
Den schönen Strom hinauf,
Der führt sie nun hernieder
Mit seiner Wasser Lauf!

Der König stand am Ufer,
Vertieft in solche Schau:
Er sprach: Ich hab' ihn wieder,
Den schönen Donaugau;
Es meldens solche Boten,
Daß deutscher Arm noch stark,
Und immer soll verbleiben
Dem Reich die östliche Mark!

Die Gesandten von Byzanz.

Er gönnte da dem Heere
Nur eines Tages Rast;
Er selber aber kehret,
Von Sehnsucht wohl erfaßt,
Noch an demselben Tage
Zurück zum Land am Rhein —
Da trafen, großen Pompes,
Gesandte vor ihm ein.

Es sendet sie der Grieche,
Der Kaiser von Byzanz,
Der hat von Karl vernommen
Und seines Ruhmes Glanz,
Er bietet ihm ein Bündniß
Und bringet Huld ihm dar —
Es wußten die Gesandten
Nicht wer der König war.

Sie fielen auf die Erde
Und neigeten sich tief:
Der Marschall wars, der also
Mit grimmer Stimme rief:
Nicht ich, es ist der König
Wohl gar ein andrer Mann!
Sie standen auf verlegen,
Und wandten weiter sich dann.

Sie bückten sich zur Erde
Und neigeten sich tief —
Dem Seneschall, der also
Mit großem Zorne rief:
Nicht ich, es ist der König
Wohl gar ein andrer Mann!
Sie standen auf mit Zagen,
Und wandten weiter sich dann.

Sie warfen sich zur Erde
Und neigeten sich tief,
Das war des Königs Hauswart,
Der lachend also rief:
Nicht ich, es ist der König
Wohl gar ein andrer Mann!
Da sprachen sie: O welcher
Der König ist, sagt an!

Ich bins! sprach der — sie ielen
Zur Erde wohl danach —
Er stand, auf seinen Bischoi
Den Arm gelehnt und sprac:
Ihr habet diesen Mann mir
Da ich ihn euch gesandt
Als meiner Krone Boten,
Nach Ehre nicht erkannt!

Sie neigten sich in Demut
Nun vor dem Bischof tief,
Der Fürst im schlichten Kleic
Mit ernstem Worte rief:
Steht auf, es ziemt zu knien
Sich nur vor Gott dem Hern! —
Nun sagt, was ihr begehret,
Und ich erfüll' es gern.

Da sagten sie die Botschaft:
O König, stehe bei,
Daß unserm Reiche Rettung
Vor den Avaren sei!
Der König sprach gelassen:
Habt ihr noch sonst Begehr? —
Was anlangt die Avaren,
Ich komme davon her!

Im Frieden.

Ihr habt den großen König
Im Sturm der Schlacht geseh,
Nun will ich ihn euch zeigen
Auch in des Friedens Wehn,
Wie seine Hand geschaffen
Aus Waldnacht, die er fand,
So sonnig und so heimisch
Das holde deutsche Land.

Forst war's, besitzlos, werthlo,
Und Wildniß undurchforscht,
Es wächset Stamm bei Stamme,
Und altert und vermorscht,
Hoch häuft sich Laub am Born,
Selbst Erde wird der Baum,
Es wuchert grün und grüner
Im dumpfen einsamen Raum

Er lehrt den Wald sie fällen,
Und Aecker ziehn und baun,
Er lehrt sie pflügen, säen,
Und ziehen Heck' und Zaun.
Da wallet goldner Waizen
Und streifig, Feld an Feld,
Reift Korn und Gerst' und Hafer,
Und Flachs und Hanf und Spelt.

Er lehrt den Obstbaum pflanzen,
Da blüht's im Frühling weiß
Umher um alle Weiler,
Und wird der Sommer heiß,
Da prangen Kirsch' und Apfel,
Und reift im Sonnenschein
Auf holden Rebenhügeln
Der herzerfreuende Wein.

Und auf den Triften weidet
Das Schaf mit seinem Lamm,
Und suchet grunzend Borstvieh
Mast an der Buche Stamm,
Sich streckt das Rind im Grase,
Und mit den Füllen gehn
Die Stuten, hoch am Felsen
Ist noch die Ziege zu sehn!

Er lehrt sie auch bevölkern
Den Hof der Meierei,
Da flattern weiße Tauben,
Die Henne legt ihr Ei,
Es führt die Gans die Kleinen,
Und es stolzirt der Pfau:
O welch ein munter Leben,
Welch eine köstliche Schau!

Er lehrt sie auch die Bienen
Vom Walde ziehn herein,
Und unter heim'schem Dache
Nun Korb an Korb zu reihn:
Da summen sie und schwärmen
Um Blum' und Lindenblust,
Ha, wie sie emsig tragen,
Der Arbeit fröhlich bewußt!

Die Mädchen lehrt er spinnen
Die Woll' und auch den Lein,
Und lehrt die Frauen weben:
Da füllet sich der Schrein.
Wie rauschen die Gewänder
In hellem, reinem Glanz,
Und holder gehn die Mädchen
Zur Kirch' und auch zum Tanz!

Er lehrt sie sich erfreuen
Des wohl erworbnen Guts,
Und lehret sie genießen
Zufrieden sichern Muts,
Und ordnet Recht, und schreibet
Gesetz für groß und klein,
Das läßt er mächtig herrschen,
Doch selber milde sein.

Der Kirche gab er Pfründen
Und gab ihr Herrlichkeit,
Daß, frei vom Druck der Erde
Sie rag' ob Welt und Zeit.
Sie sei ein Hort auf Erden,
Ihr diene jede Kunst,
Denn sie erzieht zum Himmel
Der Herzen reine Brunst.

Er baut an holder Stelle
Das Kloster, die Abtei,
Und baut das hehre Münster,
Und ruft die Clerisei,
Und lehrt in Chören singen:
Daß die Gewölb' entlang
Die hellen Lieder klingen,
Ein heiliger Gesang!

Er selber thront im Schlosse
Nach fürstlicher Gebühr:
Das ragt auf hundert Säulen,
Von Erz ist Thor und Thür,
Es ziert die weiten Säle
Ein bunter Estrich aus,
Von Marmor glänzt und Golde
Das hohe Königshaus,

Was ist noch edler, werther
Als Gold und Marmelstein?
Das ist der hohen Meister
Geweihte Kunst allein!
Sie haben die Gemächer
Mit manchem Bild geziert,
Wie schön, wie groß, wie prächtig
Mit Schilderei staffirt!

Dort war des mächt'gen Ninus,
Des Cyrus Conterfei,
Und Romulus und Remus,
Die Wölfin auch dabei,
Der große Alexander,
Und Hannibal, zum Schluß
Der große Constantinus,
Und Theodosius.

Und diesen gegenüber
Gemalt war Karl Martell,
Und dann Pipin — geharnischt,
Sein herrschend Auge hell,
Im Schwall der goldnen Locken;
Dann war ein leerer Raum
Dereinst für große Fürsten
Aus seines Stammes Baum.

Auch Frauenbilder zierten
Dort ein Gemach, man sah
Semiramis und Dido,
Und auch Cleopatra,
Dann wieder Königin Bertha,
Die Mutter mild und hold,
Es floß von goldner Krone
Des Haares wallendes Gold.

Er schritt wohl durch die Säle,
Die Bilder schaut er an,
Da dunkelt sich die Seele
Dem königlichen Mann.
Ach, wie verwaist, wie einsam
Der Söller und der Saal!
Ihm fehlt sein vielgeliebtes
Sein wonniges Gemal.

Es ging im Saal vorüber
Die Tochter hold und mild —
Da sprach er in Gedanken:
Der Mutter Ebenbild,
Von Antlitz und Geberde,
Und doch so engelrein! —
Die starb wohl schuldbeladen —
Sie wäre schuldlos? — Nein!

Hildegard.

Nun folget mir zur Höhe,
Wo noch die Königin lag —
Es lichten sich die Wolken,
Es hellet sich der Tag,
Es tritt die hehre Sonne
Aus goldner Wolken Thor —
Da wich von ihr die Ohnmacht,
Ihr Auge schlug sie empor.

Und von dem Glanz geblendet,
Da glaubet sie sich schon
Entrückt, jenseit des Grabes,
Und fern die Erd' entflohn,
Und kreuzend ihre Arme,
Gesenkten Angesichts,
Erwartet sie in Demut
Den Engel des Gerichts.

Da tönet eine Stimme:
Steh auf, erhebe dich!
Du bist gerettet, wisse,
Das Dunkel hellet sich! —
Sie bebte noch, es pochte
Die reine, fromme Brust,
Und wieder nun umfing sie
Des Lebens neue Lust.

Und wie sie nun erhoben
Das Auge engelsklar,
Wie der Verklärten Eine —
Da wurde sie gewahr
Rosina, die getreue —
Sie rief: Bist du es? — hier?
Und jene sprach: Ich folgte
Von fern, o Königin, dir!

Sie sprach: Es that der Himmel
Ein Wunder, denn ich sank —
Sie stießen mich zum Abgrund —
Ich fiel, ich starb — O Dank
Dir vielgetreue Seele,
Daß du in meiner Noth
Mich nicht verlassen wolltest,
Und mir gefolgt in den Tod.

Die Königin erhub sich,
Sie schaut' umher das Land,
Da hat sie hier die Felsen,
Den Abgrund dort erkannt.
Und zur Gefährtin sprach sie:
O laß von hier uns fort,
Laß uns von hinnen pilgern
An einen fernen Ort!

Sie pilgerten am Abend
Hernieder zu dem Rhein:
Da stieß vom Land ein Nachen,
Sie stiegen schweigsam ein.
Noch pilgerten sie weiter,
Die hohle Felsenwand
Gab für die Nacht, die kalte,
Den Pilgern Unterstand.

Noch pilgerten sie weiter,
So viel der Fuß vermag,
Durch schwarze stille Wälder,
Den Morgen und den Tag;
Und als nun kam der Abend,
Und kam die kalte Nacht,
Da ruhten sie vom Schirme
Des dichten Baums bedacht.

Sie schritten weit und weiter,
Hinauf des Neckars Thal,
Da fanden in der Felswand
Sie einen räum'gen Saal.
Wohlan, hier laß uns rasten,
In dieser Einsamkeit,
Wir sind genug gewandert,
Und der Verfolgung zu weit.

Sie schlief — ein süßer Schlummer
Goß Balsam in den Schmerz,
Goß milden Himmelsfrieden
In ihr gebrochnes Herz.
Es zieht durch sel'ge Himmel
Ihr müdes Herz im Traum,
Erquicket landet's wieder
An dieser Erde Saum.

Sie tritt, da sie erwachet,
Nun in des Hochwalds Zelt,
Sie fühlt, wie Gottes Odem
Brausend durchweht die Welt,
Sie sinkt auf ihre Kniee,
Sie betet, lieberfüllt —
Es sammelt sich von ferne
Lauschend des Waldes Wild.

Sie betete mit Liebe:
O der mich so verstieß,
O der in jähem Zorne
Mich schuldlos tödten ließ —
Vergieb ihm, Gott, vergieb ihm!
Beschirm' ihn in der Schlacht,
Sei ihm ein stet Geleite,
Und leuchte seiner Nacht.

Im Himmel und auf Erden
Sei, Gott, dir Lob und Ehr!
Du prüfest, die du liebest —
Mich aber prüfst du schwer!
Gieb Kraft denn meiner Seele,
Aufdaß sie nicht erliegt —
Bis du mich nimmst von hinnen,
Und deine Liebe siegt.

Sie stand nun auf, erhoben,
Ihr Herz war liebewarm —
Des Hochwalds grüne Hallen
Durchschritt sie sonder Harm,
Umschauend in der Runde
Im stillen Waldrevier,
Und schien ihr Alles wohnlich,
Und traut und heimisch hier.

Dort wuchsen rothe Beeren
In Fülle, süß und frisch:
Sie fanden doch gedecket
Im Grünen ihren Tisch.
Es rann auch eine Quelle
Dürch Kies und gelben Sand,
Sie war so klar und lauter —
Sie schöpften mit der Hand.

Und auf der Hald', im Grunde,
Es sproß da Staud' und Kraut:
Da ward ihr Antlitz helle,
Sie grüßte sie vertraut,
Und nannte sie bei Namen,
Wohl kennt sie ihre Kraft,
Denn manchem bot sie Heilung
Mit dieser Kräuter Saft.

Und sieh, es kommt zur Grotte
Mit frommem Blick ein Reh,
Das führt ein zartes Kälbchen
Und klagt ein herbes Weh!
Ein Jäger hat's gejaget,
Es haftet an dem Lauf
Sein Pfeil — Nun blickt es klagend
Zur milden Frau hinauf.

Sie zog heraus das Eisen,
Sie wusch die Wund' und strich
Sie lind mit einem Balsam.
Von Stund' an nicht mehr wich
Das Reh von ihrer Seite,
Und war ihr stet Geleit,
Ihr Trost und ihre Sorge
In Waldeseinsamkeit.

Wie hatten doch die Frauen
Geschmückt der Höhle Grund,
Ein Kreuz von weißen Muscheln
An ihrem Eingang stund;
Wie war so hold und sinnig
Geziert der Höhle Saal,
Sie schauten von dort nieder
Weit in das liebliche Thal.

Da nahet eines Tages
Ein Weib mit ihrem Kind,
Auf ihre frischen Wangen
Des Schmerzes Thräne rinnt:
Sie fiel am Kreuze nieder,
Und weint' und händerang:
Es will mein Kind mir sterben,
Es ist so todeskrank —

Wie solches nun gewahret
Die Königin Hildegard,
Wohl tief in ihrem Busen
Ihr Herz beweget ward,
Sie ging zu ihren Kräutern,
Ihr Wählen war nicht lang,
Sie mischt und reicht dem Kinde
Den linden, heilenden Trank.

Es nahm das Kind die Gabe,
Und lächelte sie an,
Ihr dankt das Weib mit Thränen
Und schied getröstet dann.
Und an dem andern Tage
Da kam dieselb'ge Frau,
Und munter sprang der Knabe,
Schaut' aus den Augen so glau.

Und einen blinden Alten
Auch führt sie mit sich dar:
O hilf, du hehre Aerztin,
Dem kranken Augenpaar!
Mein Vater ist's! — Sie strich ihm
Mit ihrer reinen Hand
Das Aug', und er hat wieder
Der Sonne Licht erkannt.

Er sprach: Der grünen Erde,
Des lichten Himmels Schau,
Ich danke sie, ich danke
Sie dir, erhabne Frau!
Er faltete die Hände,
Er fiel vor ihr aufs Knie.
Sie hob ihn auf erschrocken,
Und solches wehrete sie.

Es lief ins Dorf die Kunde
Und kam vom Dorf zur Stadt,
Und lief durchs Land — da nahet
Wer Schmerz und Leiden hat.
Sie heilete die Kranken
Wohl mit der Kräuter Saft,
Mehr, glaub' ich, mit des frommen,
Schuldlosen Herzens Kraft.

Nach Rom.

Schon tiefer geht die Sonne,
Das Laub wird gelb und braun,
Und hochroth um die Grotte
Ist das Gerank zu schaun.
Nicht fürchten sie den Winter,
Die beiden Frauen dort,
Wer so viel hat ertragen,
Der bangt an keinem Ort.

Und tiefer geht die Sonne
Und leerer wird der Baum,
Und, schüttelnd kahle Aeste,
Durchstreicht der Wind den Raum.
Die Vögel sind gewandert,
Wohin die Sonne zieht,
Und durch die öden Wälder
Erklingt nicht Ruf noch Lied.

Doch horch, was klingt im Thale?
Das ist des Hifthorns Klang,
Und nah und näher ziehet
Die Jagd das Thal entlang.
Ein fürstlich Jagdgeleite,
Die Herrn auf hohem Roß,
Und prangend gar in Golde
Der Diener langer Troß.

O wie die Federn wehen,
O wie der Jagdspeer blitzt,
Und der des Zuges Führer,
Wie stolz zu Roß er sitzt!
Noch ist er abgewendet,
Jetzt bietet er sich dar,
Mit sonnenbrauner Wange
Und wehendem blonden Haar.

Wie ihn erkannt die Fürstin,
Da trat sie scheu zurück:
Es ist des Landes Herrscher;
O daß mich nicht sein Blick
Erreicht in dieser Grotte!
Der Herzog Gerold ist's.
O Bruder, du mein Bruder,
Geliebter, ja du bist's!

Sie hörte nun sie reden,
Der Eine sprach: O schau,
Dort wohnt in jener Grotte
Die fromme Wunderfrau.
Und willst du, edler Herzog,
Nicht schauen ihren Saal?
Der Herzog sprach: Ich will es,
Allein ein andermal!

Der Zug war nun vorüber,
Da schaute sie noch lang'
Ihm nach mit bangem Herzen,
Bis ihn der Wald verschlang.
Und Sorgen und Gedanken
Bestürmen jetzt ihr Herz,
Und also zur Genossin
Begann sie voller Schmerz:

Wir flohen, o Rosina,
Vor der Verfolgung her;
Doch jetzt ist unsres Bleibens
An dieser Statt nicht mehr.
Wir müssen uns verbergen,
Wir müssen weiter fliehn,
Daß mich in ihre Bande
Nicht die Geliebten ziehn.

Denn meinen Bruder sah' ich,
Der herrscht in diesem Land,
Und wenn er nahet, sind wir
Entdecket und erkannt.
Nicht mit den Menschen leben
Darf wieder je mein Herz —
Die durch den Tod gegangen,
Mich zieht es himmelwärts.

Nun auf, und wieder pilgern
Fern hin zur heil'gen Stadt;
Wir finden über Berge
Durch Schnee und Eis den Pfad.
Nun laß uns scheidend grüßen
Den theuern Felsensaal,
Und all die unsern Lieben,
Und dieses süße Thal.

Die edlen Pilgerinnen
Mit Muschel und mit Stab,
Sie stiegen von der Grotte
Den Hang zum Fluß hinab.
Es pilgerten die beiden,
Im Herzen stark und groß,
Nun wieder lange Tage
Durch finstrer Waldungen Schooß.

Sie schritten rüstig weiter,
Noch vor der Sonne Gruß;
Durch Thau, durch Reif und Regen
Mit ihrem zarten Fuß,
Und über Stein und Klippen,
Und durch des Baches Strom:
Es trägt sie Ein Gedanke,
Das ist das heilige Rom.

Sie klommen unverdrossen
Hinan den weiten Weg,
Bis wo sich in die Wolken
Verliert der schwanke Steg,
Sie stiegen schweigsam nieder,
Hinschreitend durch den Schnee,
Bis endlich sie am Fuße
Nun grüßt der lachende See.

Und weiter, immer weiter,
Geführt von ihrem Stern —
Es boten fromme Menschen
Des Brotes ihnen gern;
Sie brauchen ja so wenig;
Doch spenden sie so reich
Entlang auf ihrem Wege
Heilung und Segen zugleich.

An einem Morgen setzten
Sie ihren Pilgerstab
Vom felsigen Gebirge
Nun in das Land hinab,
Da sahen sie es liegen
Am hellen Tiberstrom
Mit seinen Kirchen, Kreuzen,
Das ew'ge heilige Rom.

Es sprach die edle Fürstin:
Hier sei der Reise Ziel,
Hier laß uns ruhn am Ufer
Der Ewigkeit, wieviel
Der Tag' uns noch beschieden,
Voll Eifer früh und spät
In Uebung guter Werke
Und frommem Bußgebet.

Der Hafen ist gefunden,
Den Anker werf' ich aus,
Der Himmel ist die Heimat,
Nicht mehr ein irdisch Haus,
Es lichten sich die Glieder,
Es klärt sich schon mein Leib —
Gott, nimm mich bald von hinnen!
So sprach das hehre Weib.

Es hält mich hier im Leben
Der Eine Wunsch allein,
Noch einmal meine Kinder
Zu sehn — o darf es sein!
Sie an mein Herz zu drücken,
O wäre mir's vergönnt!
Und dem auch zu vergeben,
Der mich so schwer verkennt!

Die Vermälung.

Nun aber laßt uns wieder
Im deutschen Lande sein,
Und wenn ihr mögt, so folget
Nach Worms mir an den Rhein.
Zu Worms, da ist's ein Tummeln,
Da ist es ein Gebraus,
Es sind gekränzt die Thore,
Gekränzet jegliches Haus.

Es wogt der Schauer Menge
Durch aller Straßen Raum,
Gefüllt sind alle Fenster,
Das Dach und selbst der Baum.
O sagt mir, welch ein Prangen,
Und wem gilt dieses Fest,
Wer ist es, der die Schauer
So lange warten läßt?

So habt ihr nicht vernommen,
Was doch erfüllt die Welt,
Von König Karls Vermälung?
Er ist's, der Einzug hält.
Und wenn ihr auch nicht wisset,
Wer seine hohe Braut,
Das ist die edle Fastrad,
Thüringens Tochter — o schaut!

O schaut, o hört! Posaunen
Verkündigen ihr Nahn.
Es wogt die Pracht des Zuges
Heran die offne Bahn.
Da war es ein Verneigen,
Ein Grüßen war's entlang,
Ein Staunen war's, ein Jubeln
Bei ihrer Rosse Gang.

Und als sie nun vorüber,
Manch Wort gehöret ward:
Ist das die schöne Fastrad?
Sie weicht der Hildegard!
Stolz will sie mir erscheinen!
Und jene war so mild!
Hoffärtig von Geberde —
Und die ein Engelsbild!

Die Frauen sahn und rühmten,
Wie ist ihr Schmuck so reich!
Zehn Abendsterne prangen
Im Diadem zugleich!
Doch schaut sie gar so herrisch
Aus stolzem Auge drein:
O wird sie auch den Kindern
Die milde Mutter sein?

Im Münster war's, da weihte
Der Erzbischof das Paar,
Daß König Karl nun wieder
Vermält und ehlich war.
Den Kindern eine Mutter,
Dem Reich die Königin,
Ein Weib auch seinem Herzen —
Das dünkt' ihn Hochgewinn.

Da selber am Altare
Umschwebet ihn ein Bild,
Es ward sein Herz gemahnet
An Eine, die so mild.
Es thauet eine Thräne
Wohl in des Helden Blick —
Er hätte That und Wort wohl —
Tief seufzet er — zurück.

Nun aber rauscht die Feier
Im hohen Königsschloß,
Da rühren sich die Diener,
Da tummelt sich der Troß,
Und tönt der helle Reigen,
Freud' ist in Aller Brust —
Doch Wehmuth ward dem Einen
In tiefer Seele bewußt.

Die persischen Gesandten.

Der König thront zu Aachen
In hoher Burg voll Pracht,
Wie ragt sie so gewaltig,
Wie Saal und Söller lacht!
Er zog mit Pomp und Prangen
Durchs hohe Burgthor ein —
Zu Ingelheim im Schlosse
Mocht' er nicht länger sein.

Will nicht der Festzug enden?
Welch eine neue Pracht!
Es nahen fremde Krieger,
Und Mohren, schwarz wie Nacht,
Und goldgezäumte Rosse,
O sagt mir, welch ein Zug!
Ich seh der lichten Perlen,
Der Edelsteine genug!

Vom fernsten Morgenlande,
Vom duft'gen Persien her,
Und von des Indus Woge,
Und von dem Indermeer —
Es scholl der Ruhm des Königs
Bis hin zum Land der Glut:
Sie kommen jetzt, sie bringen
Jetzt seiner Größe Tribut.

Es grüßt des Orients Herrscher
Held Harun al Raschid
Den Herrn des Abendlandes,
Und sendet Gaben mit.
Der besten Rosse zwanzig,
Und schwarzer Sklaven zehn,
Und Sklavinnen zehn weiße,
Er selbst hat dir sie ersehn!

Auch sendet er von Seiden
Ein lustig weites Zelt:
So flammend blühn die Blumen
In unsrer glüh'nden Welt!
Nicht minder Rauchwerk, Balsam,
Des Westens großem Sohn
Sendet's der Abasside
Auf Bagdads hohem Thron.

Und deinem Weg zu leuchten
Zu des Palastes Zier,
Aus lauterm Gold getrieben
Zween Candelaber hier.
Und hier ein künstlich Uhrwerk,
Es messe deine Zeit,
Es zähle deine Thaten,
Und nimmermehr dein Leid!

Dann sendet, dich zu ehren,
Er dir auch das Gebein
Von einem heil'gen Martyr:
Die Kiste schließt es ein.
Und hier den Elephanten,
Des Landes Riesensohn,
Gelehrig dir zu dienen,
Er diene deinem Thron!

Und endlich seinen Säbel,
Ihn, den er selbst geführt,
Er beut ihn dir zur Ehre —
Und, falls es ihm gebührt,
Er bittet, daß dagegen
Ihm sei ein Schwert verehrt,
Das du geführt in Schlachten,
Von denen er gehört.

Es griff der große König
Wohl nach dem krummen Schwert,
Er zog es aus der Scheide,
Er fand es gut und werth,
Die Klinge scharf und schneidig,
Die Scheide Gold und Sammt,
Ein Edelstein am Knaufe,
Ha, wie der schimmert und flammt!

Er zog's, er wollt' es schwingen,
Es gab so lichten Schein,
Doch war das Heft dem König
Für seine Hand zu klein,
Es schien ein Spiel für Kinder,
Mit Staunen sahn sie's an:
Wohl mehr denn Hauptes höher
Ragt dieser herrschende Mann!

Das hatten seine Helden
Mit Freude wohl erkannt,
Es ging das Schwert die Reihe
Umher von Hand zu Hand.
Da war der blinde Taland,
Auch der hat es begehrt,
Wohl hat er viel betastet
An Knauf und Klinge das Schwert.

Doch draußen nun die Menge
Ward nicht des Jubels satt,
O welche laute Freude
Des fremden Thiers sie hat!
Die Frau'n, die Kinder staunten
Wohl ob dem Riesenleib —
Da hebt es mit dem Rüssel
Auf seinen Rücken ein Weib.

Das gab ein Schrein, ein Lachen,
Ein Jubeln nah und fern,
Und freuete das Volk sich
Des Ruhmes seines Herrn.
Und ihn auch freut's im Herzen,
Es ward das Herz ihm weit —
Es war ein linder Tropfen
In seinem stillen Leid.

Der Blinde.

In seinem Saal zu Aachen,
Da schritt gedankenvoll
Der König auf und nieder,
Stolz stand er da, es schwoll
Die Brust von großen Planen;
Er schritt wohl auf und ab —
Doch saß im Erker Taland,
Der sich dem Leid ergab.

Und wie ihm naht der König,
Da sprach er: Bruder, o,
Bin ich nicht arm und elend?
Ich werde nimmer froh!
Ich geh' auf lichter Erde
Umher in ew'ger Nacht,
Mit mir den Kerker tragend
In all der Freud' und Pracht.

Dein Ruhm ist groß geworden,
Ich war einst dein Genoß
Im Kampf, beim frohen Jagen,
Und tummelte das Roß,
Und schwang das Schwert, den Jagdspeer,
Und schoß den Pfeil ins Ziel:
Doch jetzt bin ich, in Ohnmacht,
Der Buben Spott und Spiel.

Mir lachet nicht des Morgens,
Des Abends ros'ger Schein,
Mich locket nicht die Ferne
In duft'ge Berg' hinein,
Ich seh das Korn nicht wallen
Den holden Hang hinan,
Das Reh nicht seh ich springen
Dahin im frischen Tann!

Und wo ein Antlitz lächelt,
Mir wird es nicht vertraut,
Ich höre nur des armen,
Des falschen Wortes Laut,
Den Donner hör' ich grollen,
Doch seh ich nicht den Blitz,
Und muß, ein Bettler, harren,
Gelähmt, auf meinem Sitz.

Der König sprach voll Mitleid:
Giebt denn der Weisen nicht,
Der Frommen Einer wieder
Dir deines Auges Licht?
Ich hörte Wunder melden
Von eines Blinden Kur:
War's nicht ein Weib in Schwaben,
Von der ich jüngst erfuhr?

O Bruder, lieber Bruder,
Es ist mir wohl bekannt,
Und wohl bin ich gepilgert
Zu ihr ins Schwabenland.
Da fand ich voller Dankes
Wohl der Genes'nen viel;
Ein Greis, einst blind, nun sehend,
Er führte selbst mich zum Ziel.

Sie wiesen mir die Grotte,
Die Grotte fand ich leer,
Noch stand das Kreuz errichtet,
Ich fand das Weib nicht mehr.
Im Land ist dort die Sage,
Es hub sie Gott empor
Zu sich in seinen Himmel —
Und ich blieb blind, wie zuvor.

O Bruder, außer diesem
Noch drückt mich eine Schuld —
Drum will ich alles tragen,
Ergeben, in Geduld.
Mein Mut, mein einst so hoher,
Er sank gebeugt herab,
Ich wank' in jungen Jahren
Nun früh ins dunkele Grab.

Um leichter nur zu sterben
Möcht' ich zuvor nach Rom,
Vielleicht dort kann ich beichten,
Dort in dem heil'gen Dom!
O wie wird mir die Beichte,
Ein einzig Wort so schwer,
Hätt' ich das von der Seele!
Es lastet wie ein Meer.

Der König sprach voll Mitleid:
O lieber Bruder mein,
O daß du beichten möchtest,
Dir würde besser sein.
Du wirst's beim heil'gen Vater
Dort in dem hohen Dom —
Wolan denn, ich bereite
Selbst eine Fahrt nach Rom.

Schon rüsten sie im Hofe
Die Ross' und Mäuler mir,
Wolan, wir reiten heute
Noch fort nach Rom von hier.
Da lichtete sich mälig
Des blinden Mannes Sinn.
Er sprach: O Hoffnung, Hoffnung!
Du bist des Armen Gewinn!

Und wie er das gesprochen,
Da kam ein Schwesterpaar
Mit Tanzesschritt gesprungen
Mit flatternd goldnem Haar.
Es ist Rothtrud und Emma,
Des Königs Töchter sind's,
Sie kosen, gleich dem Hauche
Des linden Abendwind's.

O Vater, sprach die Eine,
Du willst nach Rom, ich weiß —
O Vater, sprach die Andre,
Nimm uns mit auf die Reis' —
O Vater, sprach die Eine:
O laß uns nimmer hier!
O Vater, sprach die Andre:
Nicht wahr, wir kommen mit dir?

Der Römerzug.

Sie stiegen nun zu Rosse
Und ritten in das Land,
Vorauf der große König,
Taland zur linken Hand,
Es führt der Ritter Einer
Sein Roß am Zügel hin,
Es saß gebeugt der Blinde,
Und finster war sein Sinn.

Da sah man auch zu Rosse
Des Königs Söhne ziehn,
Mit langen blonden Haaren,
Karl, Ludwig und Pipin.
Der älteste ein Jüngling
Und schon erprobt in Schlacht,
Der jüngste noch ein Knabe,
Deß Auge sorglos lacht.

Sie ritten lange Tage
Hinauf den schönen Rhein,
Hinauf bis an die Quelle
Durch himmelhoch Gestein,
Hinan die mächt'gen Alpen
Durch Eis und ew'gen Schne,
Bis daß sie wieder kamen
Hinab zum lachenden See.

Es führt der große König
Nicht eines Heeres Zug,
Nur ein erlesen Häuflein,
Das ist ihm Heers genug.
Es fliegt voran die Kunde
Von des Gewalt'gen Nahn,
Es rühmen sich die Städte,
Daß sie den Großen sahn.

Und lüd' er Kron' und Sceper
Und Goldes Last zu Hauf
Auf eines Rosses Rücken,
Und setzt' ein Knäblein drau;
Und spräche nur das Knäblen:
'S ist König Karles sein!
Ich wähn', auch unter Räubrn
Würd's ungefährdet sein.

Schon nahen sie dem Ziele,
Dort unten lieget Rom,
Sie sehn im Abendstrale
Das goldne Kreuz am Dom.
Sie reiten nun hernieder
An des Gebirges Hang,
Durch Orte, reich an Thaten,
Erschallt der Rosse Gang.

Jetzt nahn sie einer Quelle,
Da schöpft' ein Weib; es sprach
Der König: Laß mich trinken,
Und Taland trank danach.
Er trank und sprach: Das labet
Mehr als der Rebe Saft!
Und drauf die Frau: Das Wasser
Hat auch besondere Kraft.

Und welche? sagte Taland.
Die Antwort war: Es nährt!
Es wohnt ein Weib dort oben
Die weiter nichts verzehrt.
Glaubt mir, nur diese Quelle
Ernähret ihren Leib,
Und thuet große Wunder
Das gottergebene Weib.

Wie Taland das vernommen,
So sprach er: O verweilt,
O laßt hinauf mich führen,
Vielleicht, daß sie mich heilt!
Sie huben ihn vom Rosse,
Er stieg die Höh hinan,
Ein trat er in die Grotte,
Taland, der blinde Mann.

Er kniet', er sprach: Es heile
Mich deine reine Hand!
Sie sah ihn an, erschrocken,
Sie hatt' ihn wohl erkannt, —
Die Brust so eingesunken,
Das Auge trüb' und leer!
Sie sprach: O nicht dein Auge,
Die Seele kranket schwer.

Da that er einen Seufzer,
Du schaust des Herzens Grund:
Was soll ich thun, o Heilge?
Und wieder sprach ihr Mund:
Du sollst dich wohl ergründen;
Was dir bewußt der Schuld,
Bekenn's in heil'ger Beichte,
Erflehe Gottes Huld.

Und wenn ich mich ergründet,
Und alles ganz bekannt,
Darf ich dir wieder nahen? —
Ja! sprach sie. Und er stand
Nun auf und ging zum König.
Da sah sie den im Licht,
Sie sah ihn, sie erkannt' ihn,
Und barg ihr Angesicht.

Und jene ritten schneller,
Und noch bei Tages Schein
Nun zogen sie zum Thore
Der ew'gen Roma ein.
Es macht die laute Menge
Dem Ruhmgekrönten Bahn,
Er zog wie die Caesaren
Zum Capitol hinan.

Sie streuten Blumen, Lorbeer,
Und Tücher, farbig bunt,
Es schmetterten Posaunen,
Und rief der Römer Mund:
Das ist der große Cäsar,
Der herrscht von Meer zu Meer,
Er schlug die Saracenen,
Und der Avaren Heer!

Die Kaiserkrönung.

Es hallt von tausend Glocken
Ein feierlich Geläut:
Als nun erwacht der König:
'S ist Weihnacht, sprach er, heut!
Steh auf mein Bruder Taland!
Der hatte wohl die Nacht
Mit seinem kranken Herzen
In Angst und Beten durchwacht.

Sie gingen früh zur Kirche,
Die war von Kerzen licht.
Sie traten an den Beichtstuhl
Und senkten ihr Gesicht.
Es beichtete der Eine,
Zerknirscht in Herzens Grund
Wohl eine schwere Stunde
Mit bangem leisem Mund.

Es beichtete der Andre,
Von Reue tief bewegt,
Wohl manche leichte Sünde,
Manch Lüsten, das sich regt.
Er beichtet mit der Sünde
Zugleich auch seinen Schmerz,
Den Schmerz, der an ihm zehret —
Er beichtet all sein Herz.

Sie standen auf, sie fühlten
Sich leichter tausendmal,
Sie traten zum Altare,
Zu Christi Abendmahl.
Der heil'ge Vater theilt' es,
Sie senkten fromm ihr Haupt:
Verklärte Chöre klangen:
O selig, wer da glaubt!

Und als die heil'ge Messe
Darauf vollendet war,
Da sprach der fromme Vater
Herab vom Hochaltar:
Tritt her, o großer König,
Daß du gesalbet seist
Zu aller Christen Kaiser,
Der herrscht nach Gottes Geist.

Er salbete das Haupt ihm,
Der stand noch eine Weil —
Das Volk rief: Amen, Amen!
Und: Kaiser Karl, dir Heil!
Gesalbter Friedenbringer,
So groß und fromm zugleich,
Dir Sieg und Heil und Leben,
Und Heil dem römischen Reich!

Der Kaiser mit den Söhnen,
Er stieg darauf zu Roß,
Und zeigte sich den Römern
Mit seinem reichen Troß.
Da war umher ein Jubeln:
Heil, Heil der Christenheit,
Nun hat sie Freude wieder
Zur heil'gen Weihnachtszeit!

O schaut den großen Kaiser,
Wie hoch doch die Gestalt!
Und wie herab so golden
Sein langes Haupthaar wallt!
Die Wang' ist Jugendfrische,
Der Bart ist rothes Gold,
Das Auge blau, doch sieht man,
Wie es so drohend auch rollt.

Wir hörten immer melden:
Er giebt Gesetz der Welt
In Kleidern, die am Webstuhl
Sein eigen Weib bestellt:
Doch trägt er Gold und Demant —
So ziemt es solchem Herrn! —
Man sieht beisammen leuchten
Den Morgen- und Abendstern!

Und hinter ihm die Knaben,
Die Söhne sinds, fürwahr
Das Ebenbild des Vaters,
Von Antlitz, Wuchs und Haar:
So schlank, so blond, so fürstlich,
Und so einander gleich:
Gewiß beherrscht einst jeder
Ein stolzes Königreich!

Doch während sie durchritten
Die weite laute Stadt,
Da ließ sich Taland führen
An eine stille Statt.
Er stieg empor zur Grotte,
Er knieete davor —
Da trat alsbald die Hehre
An ihrer Grotte Thor.

Sie strich mit ihrem Finger
Dreimal sein Augenlied,
Und sprach: Du bist genesen!
Er blickt empor — er sieht,
Er sieht sie stehn, er staunet:
O heil'ge Hildegard!
Rief er aus tiefer Seele,
Daß sie erschrecket ward.

Dann aber sprach er weiter:
Mich blendete das Licht,
Ein Traum durchflog die Seele,
Ein Bild — du bist es nicht.
Doch wer du seist, o Heil'ge,
Dir dank' ich bis ans Grab.
Sie sprach: Zum Himmel bete!
Und wendete sich ab.

Der Segen.

Nun zieht der große Kaiser
Von dannen durch das Thor,
Und Rom ist leer nun wieder
Und stille wie zuvor.
Der Kaiser zieht die Straße,
Und Taland ihm zur Seit',
Er führt sein Roß nun selber,
Als ritt' er in den Streit.

Und hinter ihnen beiden
Der Kaisersöhne Zahl,
Sie sitzen stolz zu Rosse
Und tragen Kleid von Stahl,
Und schaun mit klaren Augen
So munter und so frei.
Sie sprachen: Oheim Taland,
Ist schon die Grotte vorbei?

Und Hildegard, die hehre,
Wohl sah sie schon von fern
Des reichen Zuges Nahen,
Den kaiserlichen Herrn —
Sie lauschte, halb sich bergend,
Da hat sie bald Taland,
Und Karl auch, und die Söhne,
Ach, ihre Söhn', erkannt!

O mir ist Gnade worden,
Ich habe sie gesehn!
Jetzt kann ich ruhig scheiden
Und von der Erde gehn! —
Da, siehe, stieg der Kaiser
Vom Roß, doch nicht empor
In ihre Grotte trat er,
Er stand von fern davor.

Entblößten Hauptes stand er,
Und neigete sich ihr,
Es neigten sich die Söhne,
Und Taland betet' hier.
Dann stiegen sie zu Rosse,
Sie schauten noch zurück,
Und hat sie auch gegrüßet
Der Kaiser mit einem Blick.

Sie sprach: Dir ist vergeben,
Dich segnet dieses Herz,
O wie ist doch verkläret
In Seligkeit mein Schmerz!
Da sank sie matt zur Erde,
Ihr Auge schloß sich zu —
Es riefen Engelstimmen,
Und sanft war ihre Ruh.

Das Bekenntniß.

Und wie sie Abends ritten
In einem tiefen Wald,
Die Rosse schritten ruhig,
Der Hufe Tritt erschallt.
Der Kaiser nur und Taland,
Die Andern blieben nach —
Da beugte sich zum Kaiser
Taland erseufzend und sprach:

O Bruder, lieber Bruder,
Noch drückt mich Centnerlast,
O meine Schuld und Sünde
Läßt mir noch keine Rast,
Es hat mir Gott verziehen,
Kannst du mir auch verzeihn? —
Ich bin der schwere Sünder —
Doch Hildegard war rein!

Das war vom lichten Himmel
Ins Herz ein jäher Blitz;
Der Kaiser, ganz verstöret,
Sprang von des Sattels Sitz:
Was sagtest du? — O Himmel,
Was ich geahnt, trifft ein!
Und Taland sprach: Ich glaube,
Dein Weib war engelrein!

Mir waren Herz und Sinne
So schwindelnd, so verirrt,
Daß es erst jetzt, o Bruder,
Mir langsam heller wird.
Vor Allem Eins bekenn' ich,
Ich weiß dies Eine nur:
Ich schwur bei meinen Augen —
Das war ein falscher Schwur.

Er warf sich nieder, machte
Die Brust des Kleides bloß,
Er rief: Stoße mich nieder!
Wie ich verdienet, stoß!
Richte mich, großer Kaiser!
Denn: Bruder! ziemt mir nicht —
Der sprach: Auch ich bin schuldig:
Es halte Gott Gericht.

Es schlug der große Kaiser
Mit Macht an seine Brust:
O großer Gott im Himmel,
Weß werd' ich mir bewußt!
Ich habe sie verstoßen,
Ich stieß sie in den Tod! —
Sprach der: Sie wallt im Lichte,
Und wir in Irrsals Noth!

Und Karl, sein Haupt entblößt' er,
Und hub sein Angesicht,
Die Hände faltend, sprach er
Empor zum Sternenlicht:
Verklärter Geist, vergieb mir,
Ich irre noch dir fern! —
Da schoß herab vom Himmel
Ein milde leuchtender Stern.

Die Sühne.

Und wieder sprach der Kaiser:
O hier an dieser Statt,
Wo ich erfuhr, daß schuldlos
Sie das erlitten hat,
Hier eine Waldkapelle
Will ich sofort erbaun,
Und meine Schuld bekennen,
Den Felsen eingehaun.

Und wieder sagte Taland:
O nicht in diesem Grund,
Nein, Bruder, auf der Höhe,
Dort, wo ich ward gesund.
Es schaut die Felsengrotte
Hinaus ins Land so frei,
Dort eine Kirch' erbaue!
Und jener sprach: Es sei!

Sie nahmen mit einander
Herberg' und kurze Rast,
Und ward beim ersten Tagen
Der Rosse Zaum gefaßt.
Sie lenken nach der Grotte
Der schnellen Rosse Lauf,
Sie steigen von den Sätteln,
Und treten still hinauf.

O Himmel, was erschaun sie!
Es lag das hehre Weib
Entseelet, bleich von Wange,
Gestreckt der schöne Leib,
Und himmlische Verklärung
Umspielt ihr Angesicht,
Und ihre goldnen Locken,
Sie leuchteten so licht.

Und Taland rief: Sie ist es,
Die heil'ge — Hildegard!
Daß auch er selbst, der Kaiser,
Nun plötzlich sehend ward:
Sie ist's, bei Gott, sie ist es!
Welch Wunder ist geschehn! —
Da hat er, neben knieend,
Rosina auch gesehn.

Die Hand, die bleiche, faßt' er,
Und küßte sie — und heiß
Entfiel ihm eine Thräne.
Es standen dort im Kreis
Auch um sie her die Söhne —
Er sprach: o Kinder mein,
Hier — sie war eure Mutter —
Und sie war engelrein!

Da rührt sich's im Gefolge,
Und aus dem dichten Chor,
Mit ernstem Antlitz treten
Zwei Männer jetzt hervor.
Herr Kaiser, uns geboten
Hat einst dein zornvoll Wort,
Daß wir zum Tod sie führten
An jenem Felsenort.

Wir thaten, wie geheißen,
Doch an des Abgrunds Rand,
Da faßt' uns ein Erbarmen,
Und nicht vermocht's die Hand:
Wir stießen sie zum Hügel
Hinab, zum Abgrund nicht,
Und meldeten, o Kaiser,
Vergieb — dir falschen Bericht.

Deß habet Dank, ihr Männer,
Sprach er, mir war's ein Heil,
Mir ward des Himmels Gnade
Durch eure Hand zu Theil:
Denn sie hat nicht erlitten
Durch mich den bittern Tod:
Gott hat von mir genommen
Der schwersten Sünde Noth.

O Bruder, rief mit Thränen
In seinem Blick Taland,
Laß betend uns erkennen
Des hohen Gottes Hand:
An der ich mich versündigt
So schwer mit Herz und Mund,
Sie selbst hat mich geheilet,
Ich ward durch sie gesund!

Sie standen nun im Kreise
In feierlichem Chor —
Es stieg die hohe Sonne
Am Himmel klar empor,
Ihr Stral fiel auf die Hehre,
In ihre Locken weht
Der Morgenwind — sie neigten
Ihr Haupt zu stillem Gebet.

Eginhard und Emma.

Ein romantisches Epos.

Die Fackeln sind erloschen
In Kaiser Karls Palast,
Die Müden alle schlafen
Nach Tages Lust und Last,
Die Stunden gehn so stille
Und leise fällt der Schnee,
Doch leiser geht die Liebe
Auf leichtgehobenem Zeh.

Eginhard und Emma,
Liebeselig Paar!
Habt ihr nun einander?
Nehmt der Stunden wahr!
Sie lehnten Wang' an Wange
Und flüsterten so sacht
Und küßten unterweilen
Sich in der stillen Nacht.

Da sprang sie aus den Armen
Des Geliebten auf,
An das Fenster trat sie
Mit behendem Lauf,
Ach, sie sah mit Schrecken
Dämmern schon den Tag,
Und daß in dem Hofe
Schnee gefallen lag.

Ihre schönen Augen
Wurden thränennaß:
Kaiser Karls Tochter,
Die sich so vergaß,
Bin ich nicht unselig
Und ein Unglückskind?
Geh, Guter, laß uns scheiden,
Ehe die Zeit verrinnt.

„Warum also weinen?
Morgen in der Nacht,
Wenn sie alle schlafen,
Komm ich ja wieder sacht.“
Nein geh, und nimmer wieder!
Soll ich weinen nicht?
Erbarme dich des Mägdleins,
Der das Herz bricht.

„Ja, gerne will ich gehen,
Aber schau doch nur,
Der Schnee im Hof verriethe
Meiner Füße Spur." —
O so laß mich Arme
Sterben, lieber Gott:
Kaiser Karls Tochter
Wird aller Welt zum Spott.

Helle Thränen flossen
Nieder in ihren Schooß,
In der Dämmerstunde
Ward ihr Schluchzen groß.
Da sprang sie auf und Freude
Bricht aus den Thränen vor,
Sie sprach: Ich selber trage
Dich durch den Hof an das Thor.

Auf ihren schlanken Rücken
Nahm sie Herrn Eginhard,
Auf ihren schönen Hüften
Saß er nach Reiterart:
So lief mit zarten Zehen,
Sie durch den dünnen Schnee,
Trug ihn stark und sprang dann
Zurück so leicht wie ein Reh.

Und warf alsbald sich nieder
Vor der Himmelsmagd,
Ach, mit pochendem Herzen
Hat sie Gebete gesagt,
Alle, die sie wußte,
Und aus dem Herzen noch mehr,
Daß ihr die heil'ge Jungfrau
Geschenket Kraft und Ehr.

Kaiser Karl nun aber
Lag wach in selber Nacht,
Er dachte seines Reiches
Und dacht' an Krieg und Schlacht;
Doch wie er dann sah fallen
Draußen den leichten Schnee,
Dacht' er: Nun, das ist Spurschnee,
Zu jagen Hirsch und Reh.

Er trat ans Fenster: was sah er?
Er sah ein Mägdelein;
Drauf saß, als wie zu Rosse,
Rittlings ein Ritter fein;
Das Mägdlein war sein Töchterlein,
Der Ritter war Eginhard:
Da faßte Kaiser Karl sich
Gar seltsam in den Bart.

In der Morgenstunde
Zu Aachen vor dem Schloß
Ließ der Jägermeister
Zäumen Zelter und Roß,
Und die Hunde koppeln,
Denn er dachte sich
Kaiser Karl heut würde
Jagen lustiglich.

Im lockern Schnee nun scharrten
Die Rosse sonder Ruh,
An den Koppeln zerrten
Die Hund' und bellten dazu;
Doch im Schloß die Fräulein
Suchten die Pelz' im Schrank,
Und die Ritter nahmen
Armbrust und Bolzen blank.

Nur Kaiser Karl gedachte
Nicht der Jägerlust,
Hohen Rath zu halten
Gedacht' er in der Brust.
Allen seinen Helden
Er alsogleich befahl
Zu Gericht zu sitzen
Im hohen Kaisersaal.

Und wie im Kreis sie sitzen
Zum hochernsten Gericht,
Und auf dem Thron der Kaiser,
Siehe, der Kaiser spricht:
Ihr meines Reiches Räthe,
Rathet mir ohne Hehl:
Eine Königstochter
Beging einen schweren Fehl.

In ihre Kammer nahm sie
Zu Nacht einen Schreiber ein,
Wer weiß, was sie gebriefet?
Das aber sah man fein,
Daß, als der Morgen tagte
Und Schnee gefallen lag,
Das Königskind den Schreiber
Trug rittlings, Huckepack!

Da scholl ein helles Lachen
Den Saal wohl auf und ab,
Nur Kaiser Karl saß ernst da,
Bis man sich des begab.
Er sprach: Ihr meine Räthe,
Wir sitzen zu Gericht;
Was nun verwirkt die beiden,
Das sagt und hehlt mirs nicht.

Und ferner sprach der Kaiser:
Gebt mir zum ersten Rath,
Was wohl die Königstochter
Verdient um solche That.
Sie riethen wohl verschieden,
Doch Alle stimmten ein,
Daß in Sachen der Minne
Am Besten wäre: Verzeihn!

Da schüttelte der Kaiser
Sein würdig Lockenhaupt:
Erwägt, es ist die Sache
Wohl ernster, als ihr glaubt.
Nun aber gebet Alle
Mir zum andern Rath,
Was wiederum der Schreiber
Verdient um solche That.

Sie riethen wohl verschieden,
Doch Alle stimmten ein,
Daß in Sachen der Minne
Am Besten wär': Verzeihn!
Nur der Räthe Jüngster,
Der ward wohl bleich und roth,
Nun kam an ihn die Reihe,
Er sprach: Er verdient den Tod!

„Den Tod nicht," sprach der Kaiser,
„Das wäre wohl zu hart,
Den Tod nicht, weil die Liebe
Ihn zwang, Herr Eginhard!
Nein, nimmermehr, es falle
Die Schuld auf beide gleich,
So dünkt es mich; nun redet,
Ihr Herrn, wie dünkt es euch?"

Da priesen alle Räthe
Kaiser Karls Gerechtigkeit
Und seine große Milde
Jetzt und allezeit.
Dann aber fragten Manche
Kaiser Karl, ihren Herrn,
Wer die Königstochter wäre,
Sie meinten, er sag' es gern.

Er sprach: Ja, wie ich sagte,
Sie ist eines Königs Kind,
Doch jetzt eines Kaisers Tochter —
Ich sah's, o wär' ich blind!
Doch wer der Mann gewesen,
Erkannt' ich nicht so recht,
Und weiß es euer Einer,
Wolan ihr Herrn, so sprecht.

Da sahen wohl die Räthe
Erstaunt einander an,
Doch der da saß zu unterst,
Im Rath der jüngste Mann,
Der sprach: Mein Herr und Kaiser,
Ihr wißt's, ich leugne nicht,
Ich war's! Nun lasset halten
Ueber mich Gericht!

Da war ein großes Staunen
Wohl auf der Räthe Bank,
Da ging ein Murmeln, Raunen,
Wohl den Saal entlang,
Dann aber fragten Manche
Kaiser Karl, ihren Herrn,
Wer die Königstochter wäre,
Sie meinten, er sag' es gern.

Er sprach: Ich bin der Kaiser:
Wer ist an Macht so reich!
Und Emma ist meine Tochter:
Wer ist an Schmerz mir gleich!
Da deckt' er mit den Händen,
Ach, sein Angesicht,
Helle Thränen flossen,
Er bezwang sie nicht.

Da war im Saal ein Schrecken
Und ein tiefer Schmerz:
Alle Räthe schwiegen,
Und Einer schlug sich ans Herz;
Er warf sich auf die Erde,
Er weinte bitterlich,
Er dachte den Schmerz des Kaisers,
Er dachte nicht an sich.

Da sprach der Kaiser strenge:
Wo bliebe Zucht im Land,
Wenn an des Kaisers Tochter
Solches würd' erkannt!
Ich sage los von ihr mich,
Fort beide von Hof und Haus!
Sei euch der Himmel gnädig,
Ich aber stoß' euch aus!

Da hob sich von der Erde
Und ging Herr Eginhard;
Doch als des Kaisers Tochter
Der Spruch gemeldet ward,
Da legte sie vor Schmerzen
Die Hand an ihre Brust:
Genade Gott mir, sprach sie,
Ich hab' es wohl gewußt!

Nun ging in ihre Kammer
Die kummervolle Maid,
Da zog sie aus wohl eilig
Ihr goldgewirktes Kleid,
Und löst' aus ihren Haaren
Den Kranz von Edelstein,
Das nahm sie und verschloß es,
Jedes in seinem Schrein.

Ein graues Kleid der Trauer
Zog sie dafür an,
Und auf den Tisch die Schlüssel
Legte sie sorgsam dann,
Und sprach zu sich besinnlich:
That ich auch Alles ab?
Vom Vaterhause geht es,
Ach, wie vom Leben in's Grab.

Noch einmal kam sie wieder,
Sie hatt' ein Täubchen zahm,
Das aus ihrem Munde
Seine Speise nahm.
Sie küßte die weiße Taube,
Thränen brachen ihr aus:
Wir müssen beide scheiden,
Suche dir ein ander Haus!

Herr Eginhard nun aber,
So wie er ging und stand,
Nahm er den Weg zum Thore
Und ins beschneite Land.
Die Spur mußt' er sich treten,
Der Mann mit düstrem Sinn:
Er ging neben der Straße,
Doch wußt' er nicht, wohin.

Oft stand er voll Gedanken;
Da kam die schöne Maid
Des Weges auch gegangen,
In ihrem grauen Kleid.
Sie gingen wohl geschieden,
Der Weg dazwischen lag,
Sie sprachen nicht mit einander
Und sagten nicht guten Tag.

So pilgerten sie beide
Den Tag und auch die Nacht,
Wohl übern Rhein und weiter:
Wer hätte wohl gedacht,
Daß das der Fuß vermöchte!
Ohne Speis' und Trank
Pilgerten sie drei Tage
Und drei Mondnächte lang.

Und an dem vierten Abend,
Es ging der Wind so kalt,
Da sahen sie ein Feuer
In einem schwarzen Wald.
Es saßen Waldesleute
In einer Felsenkluft,
Die brieten gutes Wildbrät,
Das war zu spüren am Duft.

Die Müden beide kamen
Und baten um Verlaub
Ans Feuer sich zu setzen.
Die Leute häuften Laub
Und machten ihnen Lager,
Warm und weich und breit,
Zwei besondre Betten,
Doch von einander nicht weit.

Sie ließen drauf sich nieder
Und schliefen ein gar bald;
Es rauschte über ihnen
So sanft der Tannenwald.
Sie schliefen bis zu Mittag:
Wie gönnt ihnen mein Herz
Ihren tiefen Schlummer
Ohne Traum und Schmerz!

Und doch, als Emma erwachte,
Schien ihr Alles Traum,
Wie sie hieher gekommen
In diesen Waldesraum.
Ach, bald mit wachen Augen
Ward ihr wohl wieder klar,
Daß sie fern von Hause,
Verwaist, verstoßen war.

Sie schaut sich um: die guten
Waldleute waren fort —
Sie horcht: da hört sie athmen
Hier an dem leeren Ort.
Er wars, ihr Freund — noch schlief er:
Wie sie ihn hört' und sah,
Klopft' ihr das Herz im Busen,
Wie wohl doch ward ihr da!

Sie setzte zu ihm sich nieder,
Nicht störend Schlaf und Ruh,
Mit Laub die schönen Glieder
Nur deckte sie ihm zu;
Dann ließ sie ihre Augen
Rundum spähend gehn:
Da hat sie an dem Feuer
Etwas braten gesehn,

Und auch den Duft gerochen,
Den das Wildbrät gab:
Wie gern für den Geliebten
Schnitte sie etwas ab.
Und siehe da, ein Messer —
Zwei Messer! lagen hier,
Und Brot zwei gute Schnitte,
Und standen zwei Krüge Bier.

Da leuchtete dem Mädchen
Gar bald klärlich ein,
Zur Labung ihnen beiden
Solle dieses sein.
Mit raschem Sprunge sprang sie
Zu Herrn Eginhard,
Mit süßem Ton ihn weckend
Und mit süßtrauter Art.

Wie der die Augen aufschlug
Und ihren Ton vernahm
Und ihr Gesicht sah lächeln,
Wie wohl ihm das bekam!
Sie aber kam gesprungen
Und bracht' ihm Fleisch und Brot,
Zugleich auch in der Linken
Sie ihm zu trinken bot.

Er trank zuerst, dann aß er,
Und sie nicht minder trank,
Den guten Waldesleuten
Sagten sie vielmal Dank,
Und wollten nun sie suchen,
Doch finden wohl war schwer;
Sie suchten immer weiter
Und kamen ab je mehr und mehr.

Sie kamen nun in Lande,
Da war kein Schnee zu sehn,
Doch an des Berges Fuße
Sahn sie den Mainstrom gehn,
Auch trat die Sonn' aus Wolken
Und schien so licht und warm,
Sie sprachen liebe Worte —
Und waren ohne Harm.

Er sprach: Dich anzureden
Hatt' ich nicht den Mut,
Weil du um mich gelitten;
Du aber bist so gut.
Vergieb mir und vergiß mir,
Was ich dir gethan:
Du bist des Kaisers Tochter,
Mir ziemte nicht dir zu nahn.

Sie sprach: Willst du mich mahnen,
Daß ich verstoßen bin
Von Vaters Haus und Herzen?
Was bleibt mir noch Gewinn?
Und willst du mir nicht bleiben,
Da Alles mich verläßt —
Hier hielt sie schluchzend inne
Und schlang um ihn sich fest.

Er trocknet' ihre Thränen
Und sah sie freundlich an,
Da war Herr Eginhard wohl
Ein hochbeglückter Mann.
Er fühlte Herz am Herzen
Ihr hochwogend Blut:
Gern hätt' er sie geküsset,
Doch hatt' er nicht den Mut.

Sie sahn die Sonne sinken,
Da zog er sein Schwert heraus,
Und hieb vom Baum die Zweige
Und baute davon ein Haus;
Er hieb die Aest' und Zweige,
Sie sammelte und trug,
Und sieh, ein Dach war fertig,
Für zweie groß genug.

Nun sahn sie's an mit Freuden,
Doch ernster wurden sie:
Sollen wir mitsammen
Beide wohnen hie?
Und haben doch den Segen
Selbst des Himmels nicht —
Da rollten wieder Thränen
Ueber ihr schönes Gesicht.

Er aber macht' aus Scheiten
Ein Kreuz und stellt' es hin,
Da knieten vor dem Kreuze
Die Beiden mit frommem Sinn:
Lieber Gott im Himmel,
Gescheh der Wille dein,
Gieb uns deinen Segen
Und laß uns eh'lich sein.

Wir haben nicht verdienet,
Daß du uns gnädig bist,
Doch nimm uns an zu Gnaden,
Gieb uns zur Reue Frist.
Um deines Sohnes willen,
Der hingab seinen Leib,
Gieb deinen heil'gen Segen,
Laß uns sein Mann und Weib.

Da schien die Sonn' aus Wolken
Mit purpurgoldnem Stral,
Verklärt in sel'gem Glanze
Lagen Berg und Thal.
Dann hörten sie ein Flattern,
Das hoch vom Himmel kam,
Das war eine Taube,
Die Sitz auf dem Kreuze nahm.

Sie knieten lang, dann standen
Sie auf, so frohbewußt,
Da gab es ein Umarmen,
Ein Pressen Brust an Brust,
Da gab es ein langes Küssen,
Niemand hat's gezählt:
So wurde Fräulein Emma
Herrn Eginhard vermählt.

Und wie sie so sich küßten,
Flatternd drängte sich
Zwischen ihre Küsse
Die Taube wunderlich.
Mit sanften Flügeln wehte
Sie Beider Wangen an,
Und drängte sich mit dem Schnabel
Zwischen Emma und ihren Mann.

Denn das war Emma's Taube,
Die nachgeflogen kam,
Die sonst aus ihrem Munde
Ihre Speise nahm.
Wie Emma sie erkannte,
Vergaß sie aller Noth
Und koset' ihr und gab ihr
Von der Waldleute Brot.

Nun kam des Abends Dunkel;
Sie traten unter Dach,
Und ruhten bei einander
Im niedern Brautgemach.
Sie flüsterten und küßten
Und schliefen ein gar bald,
Und süß zu ihren Träumen
Rauschte der Buchenwald.

Und nun am andern Morgen,
Als sie so frisch erwacht,
Wie lag zu Berges Füßen
Das Land in sonniger Pracht.
Es sprang in ihren Adern
Neugeschaffen Blut,
Ihr Herz war voller Frieden,
Die Welt war schön und gut.

Wie Adam einst mit Eva
Eintrat ins Paradies,
Nicht anders schauten Beide,
Was rings sich schauen ließ.
Sie mochten gern erspähen,
Wo sie gebaut ihr Dach,
Und siehe da, dicht neben
Floß über Felsen ein Bach.

Sie folgten nun dem Wasser
Durch's sonnige Frühlingsgrün,
Und sahn in einem Grunde
Viel weiße Blüten blühn,
Im Wald versteckt, betreten
Von keines Menschen Fuß:
Da boten sie dem Grunde
Freundlich ihren Gruß.

Sie gingen bald nach Hause,
Herr Eginhard rief aus:
Nun muß ich mir auch schaffen
Gut Geräth ins Haus!
Zuerst aus seinem Helme
Macht' er in Seelenruh
Eine Schal' und schnitzte
Auch zwei Löffel dazu.

Und schnitt sich einen Bogen
Aus eines Baumes Ast
Mit seinem Schwert und drehte
Die Sehn' aus starkem Bast.
Dann hat er seinem Weibe
„Behüt' dich Gott" gesagt,
„Gesegne Gott das Waidwerk
Und gebe mir gute Jagd."

Er ging am kühlen Bache
Bergab und thalentlang,
Da sah er, wie am Wasser
Ein junges Hirschlein sprang.
Rasch spannt' er seinen Bogen
Mit aller seiner Kraft,
Er schoß — das Hirschlein stürzte,
Durchbohrt von des Pfeiles Schaft.

Froh mit der schweren Beute
Bergauf an Baches Rand
Zu seinem Weibe lief er,
Die er sitzend fand,
Eine Hirschkuh melkend
In den Helm: die Kuh
Mit den frommen Augen
Sah ihr selber zu.

So lebten nun die Beiden
Nach schönem Waldesbrauch:
Wie sehr muß ich sie neiden,
Wie gerne thät' ich's auch!
Nun laßt uns aber schauen
Nach Kaiser Karl zurück;
Dem war wohl entflohen
Seiner Tage Glanz und Glück.

Trüb war sein Blick, sein Gang
Schwer, die Krone drückt' ihn fast.
Was sonst ihm Lust gewährte,
War ihm alles Last,
Der Becher, den er leerte,
Mundete ihm nicht,
Er that nichts recht aus Freude,
Er that es nur aus Pflicht.

So lebt' er wohl fünf Jahre,
Das war lange Zeit:
Am Tisch und in dem Hause
Fehlt' ihm seine Maid.
Er sprach: Ich habe Kummer
Und sie hat Leid und Noth;
Vergebens war mein Suchen,
Ach, sie ist wohl schon todt.

Und selbst das frohe Jagen,
Das sonst war seine Lust,
Erlabte nicht wie ehmals
Kaiser Karls Brust.
Er ließ die Hunde jagen
Weit ab durch den Tann,
Er selbst ging trüb und einsam,
Der kaiserliche Mann.

So hatt' er auch verloren
Sich einst im Odenwald,
Er ließ ins Moos sich nieder,
Schlaf beschlich ihn bald.
Da träumt ihm, Räuber kämen
Und nähmen ihm sein Schwert,
Und als er da erwachte,
Fand er sich unbewehrt.

Da sah er wohl ein Wunder,
Nicht Räuber waren da,
Ein kleines blondes Knäbchen
War Alles, was er sah.
Das Knäblein trug ein Röcklein
Von Pelzwerk bunt und werth,
Und hielt in kleinen Händchen
Des Kaisers großes Schwert.

Da sprach der Kaiser lachend:
Ei da, du kleiner Fant,
Wo will mit dir das Schwert hin?
Gieb mir's in meine Hand.
Das Knäblein sprach: Ich geb's nicht,
Ist dir auch nicht Noth,
Unsre Hirsch' und Rehe
Willst du stechen todt.

Da sprach der Kaiser lachend:
Du sprichst in einem Ton,
Du kleiner Waldgeselle,
Als wärst du Königs Sohn.
Das Knäblein rief: Und willst du,
Mann, nicht hören mir,
So geh' ich gleich zur Mutter,
Wart', ich sag' es ihr!

Der Kaiser sprach: Ja, rufe
Deine Mutter her,
Sag' ihr, ich wär' der Kaiser
Und hätt' ihrer Begehr.
Da sprach das kleine Knäblein,
Sein Besinnen war nicht groß:
Mutter kann nicht kommen,
Sie hat das Kind auf dem Schooß.

Der Kaiser sprach mit Lachen,
So muß ich mich bemühn!
Das Knäblein mit dem Schwerte
Lief voran durchs Grün.
Es lief und rief zur Mutter:
Mutter, nimm das Schwert,
Der Mann will mir's nehmen,
Dem hat es zugehört.

Da sah der Kaiser sitzen
Ein wunderherrlich Weib,
Mit langen goldnen Haaren,
Von Antlitz schön und Leib:
Eine Königin des Waldes!
Voll stiller Mutterlust
Säugte sie ein Kindlein
An ihrer blühenden Brust.

Voll Scham den schönen Busen
Bedeckte sie sofort,
Sie sah den Fremden, hörte
Nicht auf des Knaben Wort.
Den Mann von ernster Hoheit
Mit greisem Bart und Haar,
Sie glaubt' ihn wohl zu kennen,
Und wußte nicht, wer es war.

Er sprach: Gott grüß dich Tochter —
So sprach er, weil sie jung
Und schön war — kannst du reichen
Mir einen kühlen Trunk?
Sie lief behend hinunter,
Wo die Quelle sprang
Und schöpft' und kam und reicht' ihm:
Er trank und sagt' ihr Dank.

Sie sprach: Ihr müßt auch essen,
Ihr könnet so nicht fort,
Denn weithin in der Runde
Trefft ihr nicht Stadt noch Ort.
Nun setzt euch hier ins Kühle,
Gleich bin ich wieder da.
Mit Staunen sich der Kaiser
Die schmucke Hütte besah.

Sie war aus glatten Stämmen
Gefügt mit Kunst und Fleiß,
Geziert mit weißer Rinde
Und mit geschältem Reis,
Und wohl mit grünem Moose
Gepolstert und verwahrt,
Und hingen Hirschgeweihe
Umher nach Jägerart.

Da kam zurück vom Jagen
Herr Eginhard nach Haus,
Er bracht' auf seinen Schultern
Ein gutes Wild zum Schmaus,
Und Fisch' in einem Netze,
Die legt' er auf den Tisch,
Und schaute drein so munter,
So treu zugleich und frisch.

Doch wie er sah den Fremden,
Hat Staunen ihn erfaßt:
„Willkommen, herzwillkommen,
Ihr seid mein erster Gast!"
Er schüttelt' ihm die Rechte
Und schlug ihm in die Hand;
Daß es Kaiser Karl war,
Hat er nicht erkannt.

„Nun Weib, bring' uns zu essen,
Denn es ist Mittagszeit,
Ich habe gejagt im Walde
Und der Fremde kommt von weit."
Doch Emma stand und lauschte,
Lehnt' an die Wand ihr Ohr,
Ihr kam des Fremden Stimme
So lieb und traulich vor,

Ihr schlug das Herz im Busen,
Gleichwie vor Lust und Schmerz,
Längstentschwundne Bilder
Stürmten an ihr Herz.
Dann mußte sie zum Feuer,
Sie wendete den Spieß,
Am Dufte schon der Braten
Sich ringsum spüren ließ.

Den dampfend heißen Braten
Trug sie unters Dach,
Die Schüssel mit den Beeren
Trug ihr das Knäblein nach.
Und setzten sich die Dreie
Gesellig um den Tisch:
Da gab es süße Früchte
Und schmackhaft Fleisch und Fisch.

Und Emma schnitt das Wildbrät
Kunstrecht, wie sich's gehört,
So wie es einst der Vater
Zu Aachen sie gelehrt.
Er schaute zu und freute
Sich über jeden Schnitt —
Doch plötzlich eine Thräne
Kaiser Karl entglitt.

Und Alles, wie er's liebte,
Auf Blättern Beeren roth —
Wie sie nun, freundlich bittend,
Sein Lieblingsstück ihm bot:
Da rief er: Emma! Tochter! —
Es wankten Fleisch und Fisch,
Wie sie sich wild umarmten —
Die Aepfel rollten vom Tisch.

„O Vater, lieber Vater!"
„O Emma, süßes Kind!
Gesegnet diese Stunde,
Da ich dich endlich find'!
Was hab' ich dich gesuchet —
Und das ist Eginhard!"
Ich bin's! sprach er von ferne
Aus seinem braunen Bart.

Da bot der Kaiser wieder
Die Hand ihm traulich hin,
Der legte drein die seine
Mit ehrerbiet'gem Sinn.
Doch Emma sprang von dannen,
Und kam so froh gerannt,
Den Säugling auf dem Arme,
Den Knaben an der Hand.

Der Knab' in seinem Fäustchen
Trug noch das große Schwert;
Er sprach: Ich soll dir's bringen,
Hat Mutter mich gelehrt.
Der Kaiser sprach: Behalt es,
Bis du groß worden bist,
Dann führ' es mir zu Ehren!
Und hat ihn viel geküßt.

Da schollen Hörnerklänge
Lustig durch den Wald,
Laut und immer lauter,
Nahe kam es bald.
Kaiser Karls Gefolge
Suchte seinen Herrn,
Jubelstimmen schollen,
Sie sahn ihn schon von fern.

Der Kaiser sprach: Da sehet,
Ich that den besten Fang:
Dies hier ist meine Tochter,
Ich suchte sie jahrelang.
Da beugten sich die Ritter,
Tief neigten Alle sich,
Doch Emma sah so freundlich
Und stand so königlich.

Der Kaiser sprach: Bescheidet
Die Ross' und Wagen her
Und bringet Wein zur Stelle,
Hier sind die Krüge leer.
Nun Kinder, ja das lob' ich,
Ihr habt ein schönes Haus;
Doch über unsre Freude
Ist kalt geworden der Schmaus.

Nun gingen sie zu Tische,
Für Alle war genug,
Die Ritter in dem Grase
Füllten manchen Krug,
Sie tafelten im Grünen
Beim hellen Sonnenschein,
Die Nachtigallen sangen,
Die Becher klangen darein.

Doch als der Kaiser mahnte
Zum Aufbruch aus dem Wald,
Da weinte Emma Thränen:
„Willst du von uns so bald?"
„Nicht ich von euch, ihr müsset
Ja mit mir auf mein Schloß:
Nun rüstet, macht euch fertig,
Es geht sogleich zu Roß!"

Sie kleidete die Kinder
In warme Pelzchen fein,
Und packte viel zusammen,
Nur nicht das Haus mit ein.
Sie ließ die zahmen Hirsche
Aus ihrer Hürd' heraus:
„Lebt wohl, ich muß nun scheiden,
Leb wohl, du Waldeshaus!“

Sie kamen nun zum Grunde
Im tiefen Wald versteckt,
Da standen alle Bäume
Mit Aepfeln reich bedeckt:
Seht meinen Obstgarten!
Sprach Emma, hoch zu Roß,
Wer wird den Segen pflücken?
Ich zieh auf des Vaters Schloß!

Und weiter an dem Wasser
Zogen sie ins Thal,
Da wandt' im Abendglanze
Sich Emma noch einmal:
Leb wohl, du Wald, du Quelle,
Leb wohl, du sel'ge Statt! —
Nach diesem Wort noch heute
Der Ort den Namen hat.

Sie lebten nun mitsammen
Zu Aachen in dem Schloß,
Herr Eginhard am Hofe
Der Ehren viel genoß;
Er folgte seinem Kaiser
In großer Thaten Lauf,
Erst half er sie vollbringen
Und schrieb hernach sie auf.

Und als sie mußten sterben,
Hat man sie beigesetzt
Zu Seligenstadt im Kloster,
Da ruhen sie noch jetzt,
Beide bei einander:
Und wer mir das nicht glaubt,
Der kann die Steine lesen,
Die ruhn ob ihrem Haupt.

Berlin, Druck von Gustav Schade.

FSC
www.fsc.org
MIX
Papier | Fördert
gute Waldnutzung
FSC® C083411

Kolibri 360 GmbH
Ferdinand-Jühlke-Straße 7
99095 Erfurt, Deutschland
produktsicherheit@kolibri360.de